중학생의
함수는
다르다

함수가 쉬워지는 그래프의 힘

중학생의
함수는
다르다

이성진 지음

북멘스

함수를 함수답게
배워 보자

중학생이 귀에 못이 박히게 듣는 이야기가 있어요.

"중학교 함수는 고등학교 수학과 가장 많이 연결되니까, 지금 확실히 알고 가야 해!"

이 말에 저도 동의합니다. 하지만 실제로 중학생 때 함수를 확실히 알고 가는 친구가 몇 명이나 될까요?

저는 13년째 중학교에서 수학을 가르치고 있는 현직 교사입니다. 저의 취미는 수학, 그중에서도 제가 가르치는 중학교 수학을 연구하는 것이에요. 연구 내용은 우리 중학생 친구들이 수학을 좀 더 쉽게 이해하는 방법을 발견하고 개발하는 것입니다. 그중 가장 고민한 분야가 바로 이책의 주제, 함수입니다.

많은 친구들이 중학교 함수를 어려워하는 이유가 무엇일까? 중학교 함수를 쉽게 해결했다고 생각한 친구들이 고등학교에 올라가서 갑자기 고전하는 이유가 무엇일까? 이런 고민에 대한 결과물이 바로 이 책입니다. 이 책은 중학생이 중학교 함수를 제대로 이해하도록 돕기 위해 세상에 나왔습니다.

중학생은 함수를 함수답게 배워야 합니다. '함수답게'라는 말은 여러 가지 뜻을 담고 있지만, 중요한 의미 중 하나는 함수를 그래프로 바라보는 눈을 길러야 한다는 것이지요. 그런데 안타깝게도 수학 교과서조차 함수를 그래프가 아닌 식으로만 해결하는 경우가 많아요.

중학교 함수를 배우면서 꼭 가져야 할 두 가지가 바로, 그래프를 보는 눈과 그릴 줄 아는 손입니다. 따라서 이 책에서는 계속해서 그래프를 그리는 연습을 하고요, 그래프를 이용하여 문제를 해결합니다. 처음에는 그래프를 이용하는 것이 어색할 수 있지만, 일단 손이 움직이면 눈과 뇌가 열릴 것입니다.

그 외에도 함수를 바라보는 새로운 관점과 쉬운 방법을 다룹니다. 즉 이 책이 다루는 개념은 교과서와 같지만, 접근과 이해가 더 쉽게 구성되어 있어요. 친구들이 어려워하고 놓치는 것이 무엇인지 누구보다 잘 알기에, 이를 도와줄 내용과 방법을 실었습니다. 이제부터라도 좀 더 이해하기 쉬운 방법으로 함수를 배워야 합니다. 교과서가 채우지 못하는 부분을 이 책으로 채운다고 생각하고 읽어 주세요.

이 책을 통해 함수를 함수답게 경험하는 시간을 가져 보세요. 만약 이 책을 읽고 함수가 재미있어진다면, 저자로서 그리고 교사로서 더 바랄 것이 없겠습니다.

2024년 12월 이성진

차례

들어가는 말: 함수를 함수답게 배워 보자 4

1 좌표평면과 그래프 _{중1과정}

:: 수의 '위치'를 어떻게 나타낼 수 있을까? 10
:: 직선 위에 있는 점의 위치를 표현하는 방법 14
:: 왜 좌표평면을 만들었을까? 17
:: 평면 위에 있는 점의 위치를 나타내는 방법 20
:: 좌표평면을 사분면으로 나누는 이유 25
:: 좌표평면을 그리고 좌표 나타내기 29
:: 좌표평면 위의 도형의 넓이를 구해 보자 33
:: 관계를 좌표평면 위에 나타내기 37
:: 다양한 상황을 그래프로 표현하기 40
:: 다양한 그래프를 해석해 보기 46
:: 대응과 변화의 결정적인 차이 51
:: 정비례: 변화에 초점을 맞추면 보이는 관계 55
:: 정비례 관계를 그래프로 나타내기 60
:: 정비례 관계의 그래프를 직접 그려 보자 65
:: 반비례의 정확한 뜻 70
:: 반비례 관계를 그래프로 나타내면? 74
:: 관계식을 구하지 않고 문제를 푸는 법 78

2 곧게 뻗은 일차함수 중2 과정

:: 그래서 함수가 뭐예요? 84

:: 함수의 기호와 함숫값 87

:: 일차함수의 일차가 무슨 뜻일까? 89

:: 일차함수의 그래프는 어떤 모양일까? 92

:: 일차함수의 그래프는 기울어져 있다 97

:: 기울기를 보고 $y = ax$의 그래프를 그려 보자 101

:: 일차함수 $y = ax + b$의 그래프에서 기울기는? 105

:: 그래프만 있고 기울기가 없을 때 1 109

:: 그래프만 있고 기울기가 없을 때 2 113

:: 기울기를 구할 때 그래프를 이용해야 하는 이유 118

:: 일차함수의 그래프에서 절편을 구해 보자 122

:: 일차함수 $y = ax + b$의 그래프를 그려 보자 125

:: 일차함수의 식을 구해 보자 1: 기울기와 y절편이 주어졌을 때 130

:: 일차함수의 식을 구해 보자 2: 기울기와 한 점이 주어졌을 때 134

:: 일차함수의 식을 구해 보자 3: 서로 다른 두 점이 주어졌을 때 138

:: 일차함수의 식을 구해 보자 4: x절편과 y절편이 주어졌을 때 141

:: 일차함수의 활용 1: 일차방정식을 그래프로 나타내기 144

:: 일차함수의 활용 2: 연립방정식의 해 표현하기 149

3 빗살무늬토기 모양의 이차함수

:: 이차함수란 무엇일까? **156**

:: 이차함수의 그래프는 왜 그렇게 생겼을까 **159**

:: 포물선, 축, 꼭짓점 **165**

:: 변화의 관점으로 본 이차함수 **169**

:: 이차함수 그래프의 위치를 나타내는 방법 **172**

:: 이차함수의 최댓값과 최솟값 **174**

:: $y=a(x-p)^2+q$의 꼭짓점의 좌표를 구하는 법 **177**

:: 이차함수 그래프의 폭에 대하여 1 **182**

:: 이차함수 그래프의 폭에 대하여 2 **186**

:: 이차함수 $y=ax^2$의 그래프를 평행이동하는 방법 **193**

:: 이차함수 $y=ax^2+bx+c$의 그래프는 어떻게 그릴까 **199**

:: 꼭짓점의 좌표 구하기 1 : $y=x^2+bx+c$ **202**

:: 꼭짓점의 좌표 구하기 2 : $y=\dfrac{1}{n}x^2+bx+c$ **206**

:: 꼭짓점의 좌표 구하기 3 : $y=ax^2+bx+c$ **210**

:: 꼭짓점의 좌표를 구하는 또 다른 방법 **213**

:: $y=ax^2+bx+c$라는 식 자체로 그래프를 파악하는 법 **217**

:: 이차함수도 그래프가 중요하다 **223**

a 정답과 설명 **228**

1

중1

과정

좌표평면과
그래프

수의 '위치'를 어떻게 나타낼 수 있을까?

· · · · ·

수의 위치를 표시하기 위해 수직선이 필요하다.

여러분은 어떤 수를 가장 좋아하나요? 저는 3을 좋아합니다. 특히 3이 3개 있는 333을 참 좋아하지요.

3에 대해 자세히 알아봅시다. 3은 자연수이자 홀수고요. 1과 2 다음에 오는 수예요. 3은 소수, 즉 1과 자기 자신 외에 약수가 없는 수이기도 합니다.

그렇다면 3의 위치는 어디일까요? 지금 이야기하는 위치는 2보다 크고 4보다 작다는 '크기'를 말하는 게 아닙니다. 말 그대로 '어디'를 말하지요. 3은 어디에 있을까요?

이 질문에 답하기 어려운 이유는, 기준이 없기 때문이에요.

지금 읽는 《중학생의 함수는 다르다》는 어디에 있나요? 이 질문의 여러 대답 중 하나가 '내 앞'입니다. 이렇게 말할 수 있는 이유는 바로 '나'를 기준으로 잡았기 때문이지요. 나를 기준으로 잡으면 하늘은 내 위에 있고, 오른팔은 내 오른쪽에 있다고 말할 수 있어요.

3의 위치도 마찬가지예요. 3이 어디 있는지 말하기 위해서는 기준을 정해야 합니다.

1부터 10까지의 자연수를 일렬로 줄을 세워 봅시다.

1 2 3 4 5 6 7 8 9 10

1이 맨 앞에 있으니, 1을 기준으로 '2칸 뒤'에 3이 있네요. 7을 기준으로 보면 '4칸 앞'에 3이 있습니다. 기준에 따라 3의 위치가 달라집니다.

그런데 이렇게 사람마다 기준을 다르게 정해 놓으면, 3의 위치를 설명할 때 매번 기준도 같이 말해야 합니다. 따라서 기준을 하나로 정하면 편하겠죠?

다음과 같이 직선 위에 기준이 되는 점 O를 정하고, 이 점에 숫자 '0'을 표시합니다. 숫자 0이 기준이 되는 점의 수가 되는 거예요.

이때 기준이 되는 점 O를 원점이라고 합니다. 근원 원(原), 점 점(點)으로 근원이 되는 점이라는 뜻이지요. O라는 용어는 원점의 영어 단어 Origin(근원)의 첫 글자를 딴 말이에요.

이제 원점 O의 좌우에 일정한 간격으로 점을 찍고, 오른쪽 점에 차례로 자연수 1, 2, 3, …을 표시하고, 왼쪽 점에 차례로 음의 정수 −1, −2, −3, …을 표시할 수 있어요.

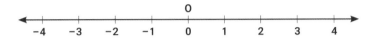

이처럼 수를 표시하여 만든 직선을 수직선(number line)이라고 합니다. (말 그대로 '수의 직선'입니다. '수직인 선'이 아니에요.)

자, 기준이 정해졌으니 3의 위치를 점으로 표시하면 다음과 같아요. 원점을 기준으로 오른쪽으로 3만큼 이동한 곳에 위치합니다.

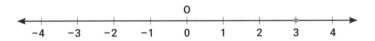

-4, -2.5, $\dfrac{4}{3}$와 같은 수도 동일한 방법으로 수직선 위에 표시할 수 있어요.

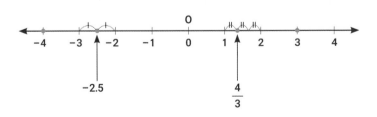

어떤 유리수라도 수직선 위에서는 그 유리수의 위치를 표시할 수 있습니다. 원점이라는 하나의 기준이 있기에 가능한 이야기예요.

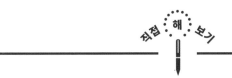

$-\dfrac{3}{2}$과 2를 다음의 수직선 위에 표시해 보세요.

(눈금을 직접 그려야 하겠네요.)

정답과 풀이 **228**쪽

직선 위에 있는 점의 위치를
표현하는 방법

· · · · ·

임의의 위치를 표현하기 위해 수직선과 수가 필요하다.

수의 위치는 수직선 위에 점을 찍어 나타낼 수 있었습니다. 그러면 거꾸로, 수직선 위의 점의 위치는 어떻게 나타낼 수 있을까요?

예를 들어 볼게요. 직선 도로를 따라 도서관, 집, 학교, 공원이 있습니다.

학교의 위치를 뭐라고 말해야 할까요? 도서관을 기준으로 하면 "도서관에서 오른쪽으로 4km만큼 떨어져 있다."라고 표현할 수 있습니다. 집을 기준으로 하면 "집에서 오른쪽으로 2km만큼 떨어진 곳."이고요. 공원이 기준이라면 "공원에서 왼쪽으로 1km 떨어진 지점."이라고 말할 수 있습니다. 복잡하지요.

그렇다면 집이라는 '하나의 기준'을 정한 후 학교의 위치를 말하면 어떨까요? 집을 기준으로 학교는 오른쪽으로 2km만큼 떨어져 있습니다. 도서관은 왼쪽으로 2km만큼 떨어져 있고, 공원은 오른쪽으로 3km만큼 떨어져 있습니다. 이렇게 기준을 정하면 모든 건물의 위치를 표현하거나 알아보기에 훨씬 쉬워요.

하지만 기준을 정했어도 그 표현이 너무 깁니다. 훨씬 간단하게 나타내는 방법이 없을까요?

이때 수가 모인 직선인 수직선을 이용합니다.

각각의 위치를 수직선 위에 점으로 나타내 봅시다. 수직선에서 기준이 되는 원점 O를 집의 위치를 나타내는 점이라 합시다. 도서관, 학교, 공원의 위치를 나타내는 점을 각각 A, B, C라 하고요. 그러면 세 점을 수직선 위에 다음과 같이 찍을 수 있습니다.

점 O가 원점이므로 나머지 세 점 A, B, C가 나타내는 수는 각각 −2, 2, 3이 됩니다. 바로 이 수가 점의 위치를 나타내는 것이죠. 수직선 위의 점이 나타내는 수를 그 점의 '좌표'라고 합니다. 한자를 뜯어 보면 자리 좌(座)에 나타낼 표(標)를 써요. 즉 좌표는 점의 자리를 수로 나타냈다는 뜻입니다.

점 A의 좌표는 −2, 점 B의 좌표는 2, 점 C의 좌표는 3입니다.

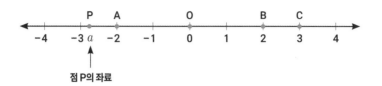

점 P의 좌표

여기서 "점 B의 좌표는 2입니다."보다 더 간단한 표현이 있어요. 수직선 위의 점 P의 좌표가 a일 때, 이것을 기호로 P(a)와 같이 나타냅니다. 위의 수직선에서 네 점을 각각 기호로 나타내면, A(-2), O(0), B(2), C(3)이라고 쓸 수 있지요. 수학적 약속이에요.

정리합시다. 수직선 위의 점들은, 원점을 기준으로 하여 그 위치를 수로 나타낼 수 있습니다.

수직선에 다음과 같이 점이 찍혀 있어요.

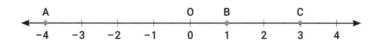

1. 세 점 A, B, C의 좌표를 각각 기호로 나타내세요.

2. 두 점 P(3.5), Q(-2)를 수직선 위에 나타내세요.

정답과 풀이 **228쪽**

왜 좌표평면을 만들었을까?

· · · · ·

수직선 하나로는 위치와 움직임을 표시하기 부족하다.

평화로운 수직선 마을에, 갑자기 새로운 점 D 하나가 다음과 같이 나타났다고 합시다.

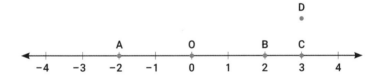

수직선 마을은 난리가 나요. 수직선 위의 모든 점은 좌표로 나타낼 수 있는데 점 D는 좌표로 나타낼 수가 없기 때문입니다. 점 D는 수직선 위에 있지 않으니까요. ('수직선 위에 있다'라는 말의 뜻은 점이 수직선의 '위쪽'에 있다는 것이 아니라, 수직선과 '만나는' 곳에 있다는 의미입니다.)

17

똑똑한 마을 친구들은 이 사태를 수학적으로 분석했어요. 원점을 기준으로 왼쪽 또는 오른쪽에 있는 것은 위치를 알 수 있지만, 점 D 처럼 위 또는 아래에 있는 것은 원점을 기준으로 위치를 알 수 없다는 사실을 알아냈죠. 따라서 위 또는 아래로 얼마큼 떨어져 있는지를 알기 위해서는 수직선 하나가 더 필요하다는 결론을 내렸습니다.

그래서 수직선 마을 친구들은 힘을 모아 또 다른 수직선을 만들어 세로로 세웠어요. 원점을 기준으로 위쪽을 양수, 아래쪽을 음수로 정했지요. 이렇게 하니 점 D는 원점을 기준으로 오른쪽으로 3만큼, 위쪽으로 1만큼 떨어진 곳에 위치한다는 것을 알게 되었어요.

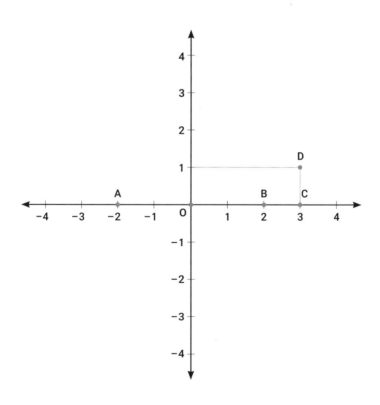

이렇게 두 수직선이 점 O에서 만나 수직선×수직선 마을이 탄생했습니다. 새로운 마을이 생겼으니 새로운 용어도 필요하겠죠.

- ☑ x축: 가로 수직선
- ☑ y축: 세로 수직선
- ☑ 좌표축: x축과 y축
- ☑ 원점: 두 좌표축이 만나는 점 O
- ☑ 좌표평면: 두 좌표축이 그려진 평면

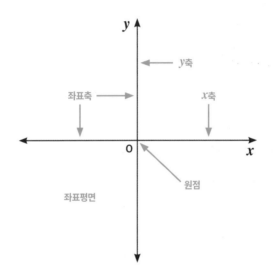

이렇게 해서 수직선×수직선 마을은 '좌표평면' 마을이라는 새로운 이름을 가지게 되었어요. 이제 평면 위에 있는 어떤 점의 위치도 알 수 있게 되었네요.

평면 위에 있는 점의 위치를 나타내는 방법

• • • • •

순서쌍은 말 그대로 '순서'가 중요하다.

　다음의 그림처럼 좌표평면 바탕에 일정한 간격으로 선끼리 서로 직각이 되게끔 격자가 그어져 있기도 합니다. 마치 바둑판 같아요.

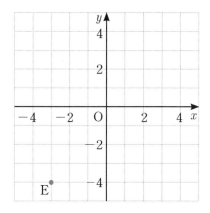

　그 이유는 점의 위치를 손쉽게 알아보게 하기 위함입니다. 이 좌표평면의 경우 점선끼리의 간격이 1인데, 이렇게 하니 점 E의 위치가 원점을 기준으로 왼쪽으로 3칸, 아래쪽으로 4칸 떨어진 곳이라

는 것을 쉽게 알아볼 수 있어요.

점 E의 위치를 수로 표현해 볼까요? 그러려면 수가 2개 필요합니다. 왼쪽·오른쪽을 나타내는 수와, 위쪽·아래쪽을 나타내는 수가 그것이지요. 그러면 왼쪽으로 3칸은 −3으로, 아래쪽으로 4칸은 −4로 나타낼 수 있어요. 좌우와 상하, 이 두 수를 구별하여 쓰기 위해 순서쌍이라는 것을 사용합니다.

두 수의 순서를 정하여 짝을 지어 나타낸 쌍을 순서쌍이라고 해요. 순서가 있어서 '순서'쌍입니다. 예를 들어 5반 7번은 (5, 7)로 쓰고, 읽을 때는 '오 콤마 칠'이라고 읽습니다.

주의할 점. (7, 5)와 (5, 7)은 다릅니다. 순서가 중요하다는 걸 기억하세요. (5, 7)은 5반 7번이고 (7, 5)는 7반 5번입니다. 만약 '번호, 반' 순으로 나타내기로 했다면 (7, 5)는 7번 5반이 되겠죠? (물론 이렇게 쓰는 학교가 있을 리 없겠지만요.)

좌표평면의 순서는 어떻게 정할까요? 좌우가 우선입니다. 좌표평면의 한 점은 순서쌍으로 다음과 같이 나타내요.

(x좌표, y좌표)

x좌표는 원점을 기준으로 왼쪽 혹은 오른쪽으로 얼마만큼 움직였는지, y좌표는 원점을 기준으로 위쪽 혹은 아래쪽으로 얼마만큼 움직였는지로 이해하면 편해요.

좌표의 순서쌍에서 왜 x좌표가 먼저 올까요? 수학자들의 약속이라고 생각하면 됩니다. 수직선과 좌표평면을 배울 때도 좌우로 움직이는 가로 수직선(x좌표)을 먼저 배우고, 세로로 세운 수직선(y좌표)을 추가하여 좌표평면을 만들었잖아요.

만약 점에 P나 Q 같은 이름이 있다면 어떻게 나타낼까요? 좌표평면 위의 한 점 P를 순서쌍으로 나타내 봅시다. 좌표평면을 보니, 원점을 기준으로 오른쪽으로 a만큼, 위쪽으로 b만큼 움직였네요. 이것을 기호로 P(a, b)라고 나타냅니다.

$$\text{P}(a,\ b)$$

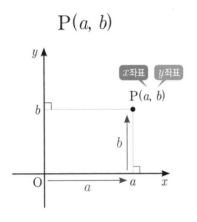

사실 x좌표를 '왼쪽 또는 오른쪽'으로, y좌표를 '위쪽 또는 아래쪽'으로 생각하는 건 교과서의 방식은 아니에요. 하지만 이렇게 생각하면 나중에 일차함수의 기울기를 배울 때 매우 도움이 될 것입니다.

그럼 세 점 A, B, C의 좌표를 기호로 나타내 볼까요?

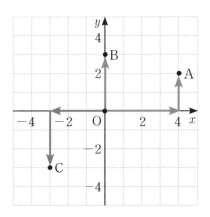

점 A는 원점을 기준으로 오른쪽으로 4만큼, 위쪽으로 2만큼 움직인 곳에 있으니 A(4, 2)입니다.

점 B는 원점을 기준으로 좌우로는 움직이지 않고 위쪽으로 3만큼 움직였으니 B(0, 3)이라고 씁니다.

점 C는 원점을 기준으로 왼쪽으로 3만큼, 아래쪽으로 3만큼 움직인 곳에 있으니 C(−3, −3)입니다.

내친김에 원점 O의 좌표도 기호로 나타내 봅시다. 좌우 혹은 위아래로 모두 움직이지 않았으니, O(0, 0)입니다.

다음과 같이 좌표평면 위에 두 점 S, R이 있습니다.

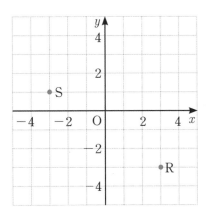

1. 점 S와 R의 좌표를 각각 기호로 나타내 봅시다.

2. 세 점 T(-1, -1), A(1, 0), s(5, 1)을 좌표평면 위에 나타내 봅시다.

3. 5개의 점을 S → T → A → R → s의 순서대로 연결하여 카시오페이아자리를 그려 봅시다.

정답과 풀이 **228쪽**

좌표평면을 사분면으로 나누는 이유

. . . . .

점이 어느 사분면에 있는지만 알아도 좌표의 부호를 알 수 있다.

이 책에서는 계속 '기준'을 강조합니다. 좌표평면의 기준은 원점과 이를 중심으로 그은 축이지요. 왜 기준이 그토록 중요할까요?

다음의 세 점은 똑같은 위치에 있는 것처럼 보이지만, 기준인 원점을 표시하면 이렇게 서로 위치가 다름을 알 수 있습니다.

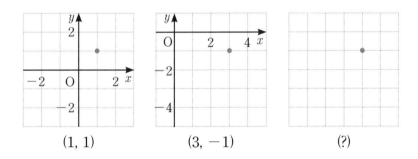

(1, 1)   (3, −1)   (?)

그런데 가장 오른쪽 점은 어떤가요? 기준이 어딘지 모르니 어디에 있는 점인지 순서쌍으로 표시할 수 없네요. 기준이 없어서 내가 어디 있는지도 표시할 수 없다니! 왜 기준이 중요한지 알겠죠?

원점과 축이라는 기준을 가지고 좌표평면을 봅시다. 좌표축에 의해 네 부분으로 나누어진다는 걸 쉽게 알 수 있어요. 이를 사분면(四分面)이라고 부릅니다. 4개(四)로 나눈(分) 면(面)이라는 뜻이지요.

오른쪽 위에서부터 시계 반대 방향으로 순서대로 제1사분면, 제2사분면, 제3사분면, 제4사분면이라고 부릅니다.

왜 시계 반대 방향으로 번호를 매기는지, 그 이유에 대해서는 여러 설이 있지만(태양과 별 등의 천체가 하늘에서 시계 반대 방향으로 움직이기 때문이라는 설, 삼각함수와 관련 있다는 설 등) 어떤 것도 정확하진 않다고 해요. 규칙으로 이해하고 넘어갑시다.

각 사분면 위에 있는 점의 x좌표와 y좌표의 부호를 생각해 봅시다. 제1사분면과 제3사분면은 x좌표와 y좌표의 부호가 같으니 이해가 쉬운 반면, 제2사분면과 제4사분면은 헷갈리곤 하지요. 이때 원점을 기준으로 어느 쪽으로 움직인 곳에 있느냐로 따지면 쉬워요.

제2사분면 위의 점은 원점을 기준으로 왼쪽(−)과 위(+)로 움직인 곳에 있으니, 좌표는 (−, +)의 형태입니다.

제4사분면 위의 점은 원점을 기준으로 오른쪽(+)과 아래(−)로 움직인 곳에 있으니, 좌표는 (+, −)의 형태가 되겠네요.

좌표평면을 사분면으로 생각하면, 점이 어느 사분면에 찍혀 있는지만 알아도 그 좌표의 부호를 알 수 있습니다. 반대로 어떤 점의 좌표의 부호를 알면, 점이 어느 사분면에 있는지 알 수 있으니 대략적인 위치를 파악할 수 있겠죠.

그러면 좌표축 위에 있는 점은 어느 사분면에 속할까요? 결론부터 말하면 어느 사분면에도 속하지 않습니다.

x축 위에 있는 점은 위아래로 움직이지 않으니 y좌표는 0이에요. 따라서 좌표는 $(a, 0)$의 형태를 띕니다.

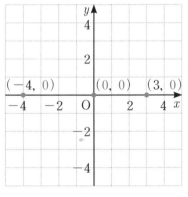

x축 위에 있는 경우

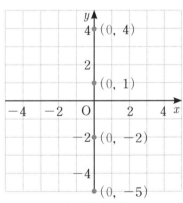

y축 위에 있는 경우

27

반대로 y축 위에 있는 점은 왼쪽 오른쪽으로 움직이지 않으니 x좌표가 0이고요. 따라서 $(0, b)$의 형태를 띱니다.

좌표평면을 떠올리지 않고 순서쌍으로만 보면 순간적으로 헷갈리기 쉬우니 주의해야 하겠죠? 점의 좌표 중 하나라도 0이면, 그 점은 어느 사분면에도 속하지 않아요.

다음의 점이 어느 사분면 위에 있는지 쓰세요.

1. A$(-5, 1)$ ＿＿＿＿＿＿＿＿＿

2. B$(5.7, 0.333)$ ＿＿＿＿＿＿＿＿＿

3. C$(10, 0)$ ＿＿＿＿＿＿＿＿＿

4. D$(-\dfrac{7}{2}, -\dfrac{123}{5})$ ＿＿＿＿＿＿＿＿＿

5. x좌표는 양수, y좌표는 음수인 점 ＿＿＿＿＿＿＿＿＿

정답과 풀이 **228쪽**

좌표평면을 그리고 좌표 나타내기

· · · · ·

좌표평면을 그리고 점을 찍는 연습을 계속해야 한다.

좌표평면은 모든 방향으로 무한히 뻗어 있는 평면이에요. 하지만 종이라는 한정된 공간에 표시하다 보니 좌표평면의 일부분만을 나타낼 수밖에 없습니다.

그렇다면 원점을 기준으로 왼쪽으로는 10,000만큼, 위쪽으로는 20,000만큼 떨어진 곳에 있는 점은 어떻게 표시할까요? 아래처럼 x축과 y축의 단위를 조절하면 됩니다.

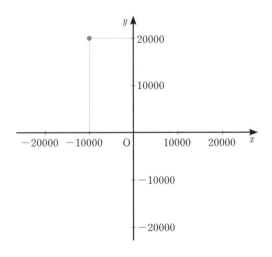

실제로 우리가 좌표평면을 직접 그릴 때는 앞에서 봤던 1 단위의 격자를 그리지 않습니다. 애초에 불가능하기도 하고요. (어떻게 매번 격자를 표시할 수 있겠어요.) 그냥 x축과 y축을 그린 후, 원점과 x, y만 표시하는 게 일반적입니다.

이제 좌표평면을 그리는 연습을 해 볼까요? 별것 아닌 것 같아 보이지만 꽤나 중요한 연습이랍니다.

넓은 노트를 준비하세요. 그리고 다음과 같은 순서로 좌표평면을 직접 그려 봅시다.

① x축을 그린다. (오른쪽에 화살표 표시)
② y축을 그린다. (위쪽에 화살표 표시)
③ 원점 O와 x, y를 표시한다. (오른쪽에 x, 위쪽에 y 표시)

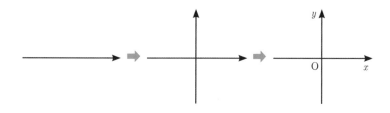

이때 원점은 항상 가운데 있을 필요가 없어요. 상황에 따라 한쪽으로 치우치게 그려도 됩니다. 어떤 식으로 치우치게 그릴까요? 점을 표시할 필요가 없는 부분의 면적을 아주 작게 그리면 됩니다. 다음과 같이 말이죠.

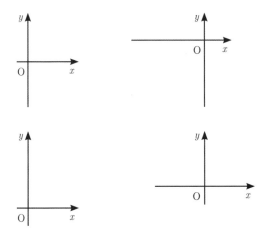

좌표평면을 그렸다면, 여기에 점을 찍어 봅시다. x축과 y축에 숫자가 적혀 있지 않은 텅 빈 좌표평면에 어떻게 점을 찍어야 할까요? x좌표와 y좌표의 비율만 맞게 위치를 잡아 찍어 주면 됩니다. 표시하는 방법에는 크게 두 가지가 있습니다.

첫째, 점선을 이용하여 x축과 y축에 x좌표와 y좌표를 쓰는 방법.

둘째, 점에 좌표를 직접 표시하는 방법.

물론 두 방법을 섞어서 써도 됩니다.

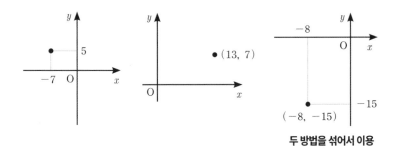

두 방법을 섞어서 이용

참 쉬워 보이죠? 그런데 막상 손에 익는 데는 생각보다 시간이 조금 걸립니다. 좌표평면부터 그릴 줄 알아야 함수의 그래프를 그릴 수 있으니, 이리저리 그려 보며 손에 익히는 것을 추천해요. 중학교부터 시작해 고등학교 내내 좌표평면을 이용해 함수를 다루게 될 테니까요.

직접 해 보기

노트나 종이에 좌표평면을 직접 그리고, 다음의 점들을 좌표평면 위에 나타내 보세요.

1. $(5, 5)$ 2. $(2, -6)$ 3. $(-4, 3)$

정답과 풀이 229쪽

좌표평면 위의 도형의 넓이를 구해 보자

· · · · ·

좌표평면을 제대로 활용할 수 있는지 확인해야 한다.

중학교 1학년 때는 좌표평면을 잘 그릴 수 있는지, 좌표평면에 점을 잘 찍을 수 있는지 단순히 확인하는 것을 넘어 응용까지 합니다. 그것이 바로 좌표평면 위의 도형의 넓이를 구하는 문제예요.

세 점 A(3, −3), B(−1, 4), C(−1, −3)을 꼭짓점으로 하는 삼각형 ABC의 넓이를 구해 봅시다. 좌표를 찍고→점끼리 선으로 이어 삼각형을 그리고→ 밑변의 길이와 높이를 구해 삼각형의 넓이를 구합니다.

격자가 있는 좌표평면이 주어진다면 넓이를 구하는 게 어렵지 않아요. 밑변의 길이와 높이를 구할 때, 대개는 칸이 몇 개인지 세기만 하면 되니까요. 오른쪽 삼각형의 밑변의 길이는 4, 높이는 7입니다. 그

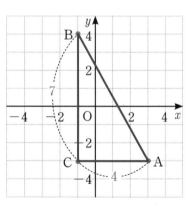

러므로 넓이는 $\frac{1}{2} \times 4 \times 7 = 14$입니다.

하지만 격자가 있는 좌표평면이 주어지지 않는다면, 직접 좌표평면에 삼각형을 그려 문제를 해결해야 하죠.

좌표평면 위의 세 점 $A(-4, -5)$, $B(2, -5)$, $C(1, -2)$를 꼭짓점으로 하는 삼각형 ABC의 넓이를 구해 봅시다.

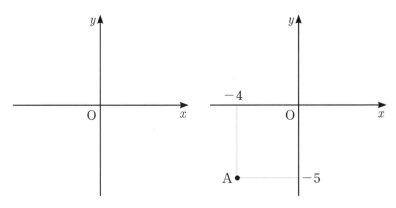

① 좌표평면을 그린다.

② 점 A를 표시하고 점선을 이용해 x좌표와 y좌표를 쓴다.

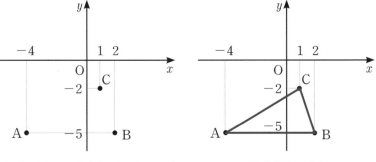

③ 점 B와 점 C도 마찬가지로 찍고 좌표를 쓴다.

④ 삼각형을 그린다.

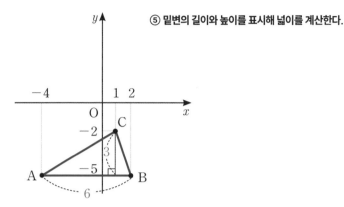

⑤ 밑변의 길이와 높이를 표시해 넓이를 계산한다.

우선 밑변의 길이 $\overline{\mathrm{AB}}$는 y축을 기준으로 오른쪽으로 2만큼, 왼쪽으로 4만큼 길이를 가지고 있으니, $2+4=6$으로 생각합니다.

높이의 경우 밑변이 x축을 기준으로 아래로 5만큼 떨어져 있고, 점 C는 x축을 기준으로 아래로 2만큼 떨어져 있네요. 따라서 $5-2=3$으로 구합니다.

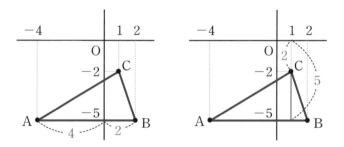

따라서 $\dfrac{1}{2}\times(밑변의\ 길이)\times(높이)=\dfrac{1}{2}\times6\times3=9$로 삼각형의 넓이를 계산할 수 있어요.

35

세 점을 정확히 그리려고 눈금을 모두 표시할 필요는 없어요. x 축과 y축에 세 점의 x좌표와 y좌표를 표시하고, 세 점 사이의 상대적 위치를 파악하면 되지요. 이때 세 점 중 x좌표 또는 y좌표가 같은 경우를 신경 써야 해요. 지금 함께 본 문제의 경우, 점 A와 B의 y좌표가 같으므로 선분 $\overline{AB}$는 x축과 평행하게 그려져야 합니다.

이런 문제가 교과서에 나오는 이유는, 좌표평면을 그리고 다루는데 익숙해지라는 뜻입니다. 교과서에 필요 없는 문제는 나오지 않아요.

좌표평면 위의 세 점 A(-1, 3), B(6, 7), C(-4, 7)을 꼭짓점으로 하는 삼각형 ABC의 넓이를 구해 봅시다. 노트나 종이를 준비하고, 좌표평면과 삼각형을 직접 그려서 문제를 해결하세요.

정답과 풀이 **229쪽**

관계를 좌표평면 위에 나타내기

· · · · ·

x와 y 사이에 '관계'가 있어야 한다.

24쪽을 읽고 왔다면, 좌표평면에 카시오페이아자리를 그려 봤을 거예요. 좌표평면에 좌표를 나타내고, 점을 연결하는 선분을 그으면 다양한 그림을 그릴 수 있어요.

그렇다면 질문. 그때 그렸던 카시오페이아자리와, 이런 하트는 그래프일까요?

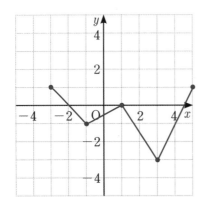

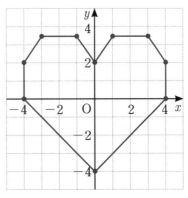

하트는 딱 봐도 그래프가 아닌 티가 나지만, 카시오페이아자리는 뭔가 그래프처럼 보여요. 초등학교에서 배운 꺾은선그래프와 비슷하게 생겼으니 그래프 같기도 합니다.

하지만 둘은 모두 그래프가 아닙니다. 그 이유를 알려면, 그래프가 무엇인지 정확하게 알아야 해요. 예를 들어 설명할게요.

삼삼이가 자전거를 타고 등교를 했습니다. 다음은 삼삼이가 집에서 출발한 지 x분이 지났을 때, 집으로부터 떨어진 거리 $y$km의 관계를 좌표평면에 나타낸 것입니다.

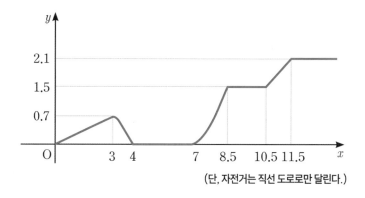

(단, 자전거는 직선 도로로만 달린다.)

분을 나타내는 x와 거리를 나타내는 y에 대하여, x와 y는 여러 가지 값을 가질 수 있어요. 이처럼 여러 가지로 변하는 값을 나타내는 문자를 '변수'라고 합니다. (초등학교에서는 □나 △를 썼지만, 중학교에서는 x, y와 같은 문자를 사용하지요.)

이처럼 두 변수 x와 y 사이의 관계를 좌표평면 위에 점이나 직선, 곡선으로 나타낸 그림을 그래프라고 합니다.

삼삼이의 움직임을 나타낸 좌표평면의 그림은 그래프예요. 왜냐하면 x의 값(시간)이 변함에 따라 달라지는 y의 값(위치)을 표시하여, 두 변수 x와 y 사이의 관계를 그림으로 나타내고 있으니까요.

반면 카시오페이아자리와 하트 그림은 두 변수 사이에 아무 관계가 없는, 단순히 원하는 모양을 나타낸 그림이고요.

이제 차이를 알겠죠?

다양한 상황을 그래프로 표현하기

· · · · ·

변수를 그래프로 그릴 때는 주의해야 할 것이 많다.

　그래프에서 중요한 것은 x와 y 사이의 관계입니다. 두 변수 간에 관계가 없으면 그냥 그림에 불과하다고 했지요. 지금부터 x와 y 사이에 관계가 있는 다양한 그래프를 살펴봅시다.

　삼삼이에게는 7살 차이가 나는 동생이 있습니다. 삼삼이의 나이를 x살, 동생의 나이를 y살이라고 할 때 x와 y 사이의 관계를 표로 나타내면 다음과 같아요.

x	7	8	9	10	11	12	13	14
y	0	1	2	3	4	5	6	7

40

표를 그래프로 나타내면 다음과 같습니다.

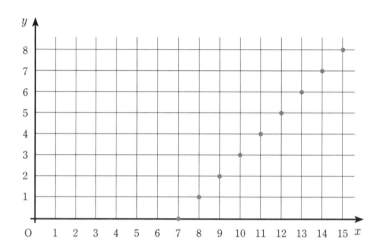

표를 그래프로 나타내니, 삼삼이와 동생의 나이 관계가 훨씬 쉽게 보입니다. 이게 바로 그래프의 장점이에요.

그런데 그래프 모양이 조금 이상하다고 생각한 친구가 있나요? 좌표평면에 선이 그어져 있지 않고 점이 뚝뚝 찍혀 있는데, 이런 걸 그래프라고 불러도 되는지 의아하지요? 이게 많이들 하는 착각 중 하나예요. 좌표평면 위의 그래프는 직선이나 곡선이어야 한다는 생각이요. 하지만 점들로만 이루어져 있는 것도 그래프라 불러요. 나이를 나타내는 x와 y가 자연수이기 때문에 그래프가 점 모양일 뿐이죠. 자료를 시각적으로 표현한 것, 이것이 그래프임을 기억합시다.

그렇다면 이번에는 조금 더 익숙한 직선 또는 곡선 형태의 그래프를 살펴봅시다.

높이가 80cm인 원기둥 모양의 빈 물통에 일정한 속력으로 물을 넣기 시작한 지 6분 만에 물통이 가득 찼습니다. 물을 x분 동안 넣었을 때의 물의 높이를 $y$cm라고 할 때, x와 y 사이의 관계를 그래프로 나타내 볼까요? 다음을 생각하며 그리면 됩니다.

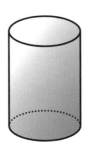

첫째, 빈 물통이었으므로 그래프는 점 (0, 0)에서 시작합니다.

둘째, 6분 후 물이 가득 찼을 때의 높이는 80cm이므로, 그래프는 점 (6, 80)을 지납니다.

셋째, 물의 높이가 일정하게 증가합니다. 따라서 두 점 (0, 0)과 (6, 80)을 선분으로 연결합니다.

넷째, 6분이 지나면 물의 높이가 80cm에서 변하지 않습니다. 물의 높이가 무한정 올라가지 않으니까요. 따라서 y의 값은 x가 늘어나도 80을 계속 유지합니다.

이를 감안하여 그래프를 그리면, 다음과 같은 모양이 됩니다.

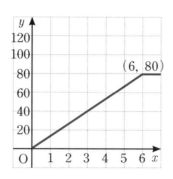

그래프를 그릴 때 주의해야 할 점. x와 y의 범위에 신경 써야 합니다. 물의 높이와 시간에는 음수가 없어요. 따라서 이런 물통 그래프 문제의 경우, 보통 교과서나 문제집에서는 제1사분면만 있는 좌표평면을 보여 줘요. 그러니 x와 y의 범위를 신경 쓸 필요가 없지요. 하지만 모든 사분면이 나와 있는 좌표평면에서는 무의식적으로 제3사분면까지 그래프를 쭉 긋기 쉽습니다. 많은 친구들이 실수하곤 하는 부분입니다. x와 y가 양수임을 고려하여 그래프를 그려야겠죠?

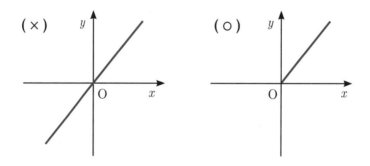

다른 예시를 더 봅시다. 원뿔의 위를 밑면과 평행하게 자른 모양의 물통이 있습니다. 여기에 일정한 양의 물을 x초 동안 넣었을 때 물의 높이 $y$cm의 관계는 다음과 같이 표현할 수 있어요. 계속 같은 양의 물이 들어가는데 물통의 폭은 점점 좁아지므로, 시간이 지날수록 상대적으로 높이가 더 빠르게 증가하겠지요.

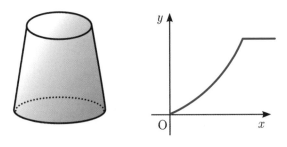

한편 〈토끼와 거북이〉 우화에서 시간 x에 따라 경주한 거리 y의 관계는 다음과 같이 그래프로 표현할 수 있습니다. 거북이는 꾸준히 걸었기에 거리가 일정하게 증가해서 오른쪽 위로 쭉 뻗는 모양이고요. 한편 토끼는 중간에 낮잠을 잤기 때문에 x가 증가해도 y가 그대로인 구간이 보입니다.

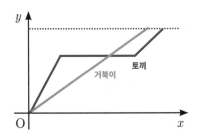

이처럼 그래프는 다양한 상황에서 x와 y의 관계의 변화를 한눈에 알아볼 수 있도록 도와요. 이런 편리함이 그래프를 사용하는 이유겠죠? 일상 속에서 여러 그래프를 찾아보며, 어떻게 다양한 상황을 x와 y 사이의 관계로 손쉽게 표현했는지 살펴보는 것을 추천합니다.

다음과 같은 모양의 물통에 일정한 양의 물을 x초 동안 넣었을 때 물의 높이를 $y$cm라고 할 때, x와 y 사이의 관계를 그래프로 그려 보세요.

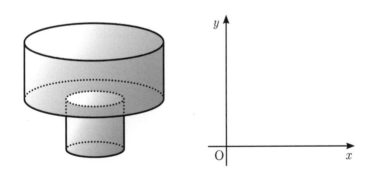

정답과 풀이 **229**쪽

다양한 그래프를 해석해 보기

· · · · ·

그래프가 우리에게 말을 한다.

x와 y 사이의 관계를 그래프로 나타내는 연습을 했다면, 거꾸로 주어진 그래프를 해석하여 여러 가지 상황을 파악할 줄도 알아야 합니다.

해석이라는 말이 거창해 보이지만 결코 그렇지 않아요. 초등학생 때 띠그래프, 원그래프, 꺾은선그래프 등을 보면서 그래프를 해석하는 연습을 충분히 했잖아요. 그러니 얼마든지 쉽게 해낼 수 있습니다. 달라진 점은 단지 좌표평면 위에 있는 그래프로 바뀌었다는 것뿐이지요.

여러 그래프의 모양을 보면서, x의 값이 변함에 따라 y의 값이 어떻게 변하는지를 살펴볼 거예요. 그래프를 해석하려면 그래프의 모양을 따지는 방법부터 알아야 하니까요.

우선 흔하게 생각할 수 있는 그래프들부터 살펴봅시다. x의 값이 커질 때 y의 값도 커지는 그래프입니다.

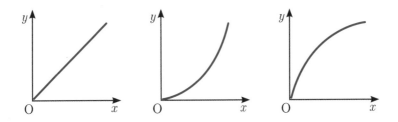

가장 왼쪽 그래프를 해석하기란 어렵지 않아요. x의 값이 커짐에 따라 y의 값이 일정하게 증가합니다.

중간의 그래프는 어떤가요? x의 값이 커짐에 따라 y의 값이 느리게 증가하다가 점점 빠르게 증가합니다.

가장 오른쪽 그래프는 x의 값이 커짐에 따라 y의 값이 빠르게 증가하다가 점점 느리게 증가합니다.

이처럼 똑같이 오른쪽으로 올라가는 그래프라도 모양에 따라 해석이 달라집니다.

이번엔 조금 특이한 모양의 그래프들을 모아 봤어요.

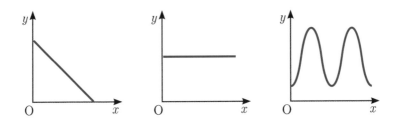

가장 왼쪽 그래프는, x의 값이 커짐에 따라 y의 값이 일정하게 감소합니다.

한편 중간 그래프처럼 x의 값이 커지거나 작아져도 y의 값은 변함없이 일정한 그래프가 있습니다.

가장 오른쪽 그래프처럼, x의 값이 커짐에 따라 y의 값은 증가했다가 감소했다를 반복하는 특이한 그래프도 있지요.

이제 실제 그래프를 해석해 봅시다. 38쪽에서 삼삼이가 자전거를 타고 등교를 하는 상황을 다시 갖고 왔어요. 집에서 출발한 지 x분 지났을 때, 집으로부터 떨어진 거리를 $y$km라 합시다. x와 y 사이의 관계를 그래프로 나타냈습니다.

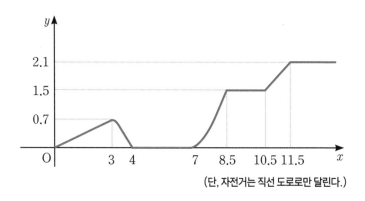

(단, 자전거는 직선 도로로만 달린다.)

그래프에서 알 수 있는 사실을 차근차근 정리해 볼까요?

• 처음 3분 동안은 집에서 0.7km 떨어진 지점까지 갔네.
• 집으로 되돌아가는 데 걸린 시간은 1분이야.
• 집에서 머문 시간은 3분!

- 집에서 1.5km 떨어진 지점에서 2분 동안 멈춰 있었어.
- 10.5분부터 11.5분 동안 1분 만에 0.6km를 갔어.
- 처음 집에서 출발한 지 11.5분 만에 학교에 도착했어.

여기까지는 그래프에서 알 수 있는 '사실'입니다.
그렇다면 혹시 이런 건 어떤가요?

- 집에 뭘 놓고 나가서 집으로 돌아간 거네.
- 처음 3분 만에 0.7km를 갔고, 학교까지는 2.1km니까, 원래 대로라면 9분 만에 학교에 도착했을 거야.
- 중간에 2분 동안 멈춘 이유는 횡단보도 신호대기에 걸려서가 아닐까?
- 집에서 다시 출발한 후 속력이 엄청 빨라졌네. 지각 위기였나 봐.

그래프에서 얻은 정보를 활용해서 생각해 낸 합리적인 추측이지요? 하지만 말 그대로 '추측'이에요. 사실이 아닐 수도 있어요. 실제 지각 위기였는지는 알 수 없으며, 신호대기가 아니라 친구를 기다렸을 수도 있으니까요.

이렇게 그래프는 여러 가지 정보를 우리에게 알려 줘요. 이를 통해 상황의 전말을 파악하고, 이 정보를 통해 그래프 밖의 이야기를 추측할 수도 있답니다.

삼삼이가 학교에 8시 31분에 등교 후, x분 동안 학교에서 움직인 변화를 y층이라 했을 때 이를 좌표평면에 그래프로 나타냈습니다.

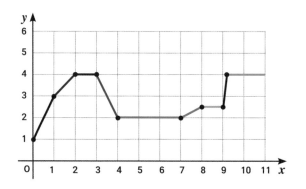

1. 이 그래프에서 알 수 있는 사실을 정리해 봅시다.

2. 다음과 같은 정보를 추가로 얻었습니다.

• 삼삼이는 방송반이고 아침 방송 담당이야.
• 조회 시간은 8시 40분이야.

이를 통해 더 알아낼 수 있는 각종 정보들, 그리고 당시 상황을 추측해서 자유롭게 적어 봅시다.

정답과 풀이 229쪽

대응과 변화의 결정적인 차이

. . . . .

중학교 함수의 핵심은 '변화'다.

우리는 초등학교에서 '규칙과 대응'을 배웠어요. 대응은 서로 짝을 이루는 관계라는 뜻입니다. 생활 속의 여러 대응 관계를 표로 나타내고, □와 △를 이용해 대응 관계식도 만들어 봤을 거예요. 다음과 같이 말이죠.

판매한 솜사탕의 수를 □, 판매 금액을 △라고 할 때, □와 △ 사이의 대응 관계는 다음과 같습니다.

솜사탕의 수 (개)	1	2	3	4	5
판매 금액 (원)	3000	6000	9000	12000	15000

□와 △ 사이의 대응 관계식은 △ = □ × 3000

이것을 중학교 수학에 맞춰 바꿔 봅시다.

판매한 솜사탕의 수 x개가 변함에 따라 판매 금액 y원이 변하는 것을 나타내는 표입니다.

솜사탕의 수 x(개)	1	2	3	4	5	...
판매 금액 y(원)	3000	6000	9000	12000	15000	...

x와 y 사이의 관계식은 $y = x \times 3000$

앞에서도 언급했듯이, 중학교에서는 초등학교 때 썼던 □와 △ 대신 x, y와 같은 문자를 사용하지요.

초등학교와 중학교의 차이는 이게 다일까요?

아닙니다. 또 다른 차이가 있어요.

가장 큰 차이는 '대응'이라는 단어가 사라진 거예요. 중학교에서는 대응이라는 표현 대신 변화에 초점을 맞춥니다.

대응과 변화는 어떻게 다를까요? 대응은 '서로 짝을 이루는 관계'를 말하고, 변화는 '변화하는 두 양 사이의 관계'를 말합니다. 무슨 말인지 와닿지 않는 친구들을 위해, 똑같은 표를 관점에 따라 어떻게 바라보는지 보여 줄게요.

대응

솜사탕의 수 x (개)	1	2	3	4	5	⋯
판매 금액 y(원)	3000	6000	9000	12000	15000	⋯

변화

솜사탕의 수 x (개)	1	2	3	4	5	⋯
판매 금액 y(원)	3000	6000	9000	12000	15000	⋯

대응은 서로 짝을 이루는 관계를 의미하므로, 1과 3000, 2와 6000, 3과 9000, ⋯처럼 짝으로 관계를 생각합니다. 하지만 변화는 솜사탕의 수가 1, 2, 3, ⋯으로 변함에 따라 판매 금액이 3000, 6000, 9000, ⋯으로 변한다는 것에 주목해요.

그러니까 대응은 부분 부분으로 표를 봤다면, 변화는 표 전체를 본다고 생각하면 돼요. 그동안 나무를 봤다면 이제부터 숲을 본다고 생각합시다.

이 차이는 매우 중요해요. 중학교 내내, 함수라는 것을 어떻게 바라봐야 할 것인가에 대한 이야기니까요. 하지만 교과서나 문제집 어디에서도 이런 차이를 설명하지 않아요.

앞으로 배울 함수를 이제부터 '변화하는 두 양 사이의 관계'라고 이해합시다.

함수의 핵심은 변화의 관계입니다. 이것을 알고 함수를 배우는 것과 모르고 배우는 것은 출발점 자체를 다르게 만들 수 있어요. 그래서 이 책에서는 초등학교 때 배운 대응을 언급할 때를 제외하고 의도적으로 대응이라는 용어를 쓰지 않아요. 이제 부분이 아닌 전체로, 대응이 아닌 변화로 수학을 보는 눈을 가져야 하니까요.

정비례: 변화에 초점을 맞추면 보이는 관계

· · · · ·

공식을 외우지 말고, 공식이 이야기하는 변화를 읽어야 한다.

바로 앞에서 다루었던 솜사탕과 판매 금액의 관계를 다시 살펴봅시다. 변화에 초점을 맞추어 생각해 볼게요.

판매한 솜사탕의 수 x개가 변함에 따라 판매 금액 y원이 변하는 것을 나타내는 표를 다시 볼까요?

판매한 솜사탕의 수 x개가 변함에 따라 판매 금액 y원이 변하는 것을 나타내는 표입니다.

솜사탕의 수 x (개)	1	2	3	4	5	···
판매 금액 y(원)	3000	6000	9000	12000	15000	···

x와 y 사이의 관계식은 $y = x \times 3000$

변화하는 두 양 x, y에서 x의 값이 1개의 2배, 3배, 4배, 5배, …가 됨에 따라 y의 값도 3000원의 2배, 3배, 4배, 5배, …가 됨을 알 수 있어요.

솜사탕의 수 x(개)	1	2	3	4	5	…
판매 금액 y(원)	3000	6000	9000	12000	15000	…

이처럼 두 변수 x, y에서 x의 값이 2배, 3배, 4배, …로 변함에 따라 y의 값도 2배, 3배, 4배, …로 변하는 관계가 있으면 y는 x에 정비례한다고 합니다. y가 x에 정비례할 때, x와 y 사이에는 정비례 관계가 있다고 하고요.

정비례는 변화하는 두 양 x와 y의 관계, 즉 변화로 바라본 관계입니다. 만약 x와 y가 서로 짝을 이루는 관계인 대응으로 바라본다면 정비례를 생각해 내기 힘들죠.

x와 y의 관계식은 $y = x \times 3000$이므로 $y = 3000x$라고 쓸 수 있어요. (수와 문자의 곱에서는 수를 문자 앞에 쓰고 곱셈 기호를 생략합니다. 중학생이라면 익숙해져야 하는 표현 방식이에요!)

이제 일반적인 정비례의 관계식을 구해 봅시다. $x=1$일 때 $y=a(a\neq0)$라 하고, x와 y가 정비례 관계일 때, x와 y 사이의 관계식은 $y=a\times x$입니다. 문자 사이에도 곱셈 기호를 생략하므로 관계식은 $y=ax$입니다.

x	1	2	3	4	5	⋯	x
y	a	$a\times2$	$a\times3$	$a\times4$	$a\times5$	⋯	$a\times x$

정리할게요. y가 x에 정비례하면, x와 y 사이의 관계를 나타내는 식은 $y=ax(a\neq0)$입니다.

정비례의 예를 들어 볼게요. 두발자전거 x대의 총 바퀴 수를 y개라 할 때, 이를 표로 나타내면 다음과 같습니다.

x(대)	1	2	3	4	⋯
y(개)	2	4	6	8	⋯

y가 x에 정비례하는지 살펴봅시다. 이때 단순히 식부터 세워서 '$y=2x$꼴이므로 y가 x에 정비례한다'라고 말하는 것은 정확하지

않아요. 'x의 값이 2배, 3배, 4배, …로 변함에 따라 y의 값도 2배, 3배, 4배, …로 변하므로 y가 x에 정비례한다'라는 것이 정확한 표현입니다.

두발자전거가 7대라면 총 바퀴 수는 몇 개일까요? 대응으로 풀면 이렇습니다.

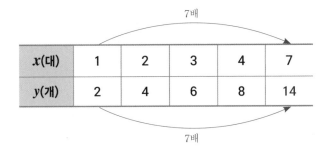

변화의 관점으로 문제를 풀면 다음과 같습니다. x가 7배가 되었으니 y도 동일하게 7배가 되어야 하지요.

	7배				
x(대)	1	2	3	4	7
y(개)	2	4	6	8	14
	7배				

답은 똑같지만 어느 풀이가 더 좋냐고 묻는다면, 당연히 변화 관점의 풀이법입니다. 정비례를 제대로 알려면 변화에 초점을 맞춰 바라봐야 하기 때문이죠.

다음의 표를 보세요. x와 y는 정비례하나요? 맞다면 그 이유
와 관계식을 쓰고, 아니라면 왜 아닌지 쓰세요.

1.

x	1	2	3	4	⋯
y	4	8	12	16	⋯

2.

x	1	2	3	4	⋯
y	1	3	5	7	⋯

정답과 풀이 230쪽

정비례 관계를 그래프로 나타내기

· · · · ·

직선 모양이라고 다 정비례 그래프는 아니다. '어딘가'를 지나야 정비례다.

정비례 관계를 그래프로 나타내 봅시다. $y = ax(a \neq 0)$ 꼴의 정비례 관계식 중에서 $y = 2x$를 예로 들어 볼게요. 우선 x에 수를 대입해 y의 값을 하나하나 구해 보면, 다음의 표를 완성할 수 있어요.

x	-3	-2	-1	0	1	2	3
y	-6	-4	-2	0	2	4	6

오른쪽 페이지의 〈그림 1〉부터 〈그림 3〉까지 보며 읽어 나가세요. 표에서 x의 값과 y의 값을 순서쌍 (x, y)로 나타내고, 이를 좌표로 하는 점을 좌표평면 위에 나타낸 것이 〈그림 1〉이에요.

그런데 x의 값이 꼭 정수일 필요가 없어요. x는 모든 값이 될 수 있습니다. $y = 2x$에서 x의 값이 1.5일 때 y의 값은 몇일까요? $y = 2 \times 1.5 = 3$이므로, $(1.5, 3)$을 좌표로 하는 점도 좌표평면 위에 나타낼 수 있어요.

이처럼 x의 값의 간격을 0.5 단위로 해서 얻어지는 순서쌍들을 좌표로 하는 점들도 좌표평면 위에 나타내면 〈그림 2〉와 같이 직선에 가까워져요.

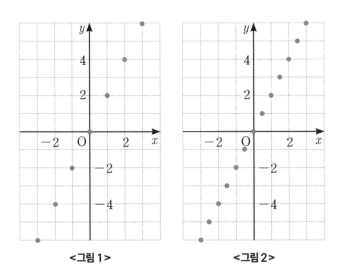

<그림 1>   <그림 2>

이제 x의 값이 수 전체에 다다를 때까지 반복하여 진행해 볼까요?

0.1단위, 0.05단위, 0.001단위 … 계속 점을 찍다 보면 오른쪽 〈그림 3〉과 같이 원점 O를 지나는 직선이 됩니다. 이 직선이 바로 $y=2x$의 그래프예요.

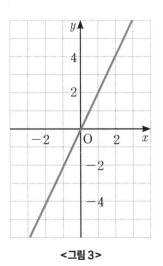

<그림 3>

두 가지 경우를 더 봅시다. x의 값의 범위가 수 전체일 때, 정비례 관계식인 $y=-3x$, $y=\dfrac{1}{2}x$의 그래프를 좌표평면 위에 그리면 다음과 같습니다.

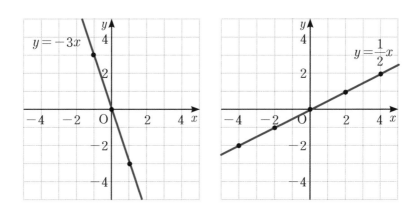

다양한 정비례 관계의 그래프를 살펴보면, 정비례 관계 그래프는 원점을 지나는 직선임을 확인할 수 있어요.

눈치챘겠지만, 그래프가 오른쪽 위로 향하기도 하고 오른쪽 아래로 향하기도 해요. 그 차이는 x 앞에 있는 a의 값에 달려 있어요. 어떤 차이가 있을까요? 지금까지 본 그래프들을 보면서 따져 봅시다.

61쪽에서 본 $y=2x$는 2가 양수고 그래프는 오른쪽 위를 향합니다. 그런데 위의 $y=-3x$의 경우 -3이 음수고 그래프는 오른쪽 아래로 향하네요.

이것을 일반적으로 정리하면 다음과 같아요.

$y=ax$의 그래프는 a가 0보다 크면 오른쪽 위로 뻗습니다. 제1사분면과 제3사분면을 지나죠.

$y=ax$의 그래프는 a가 0보다 작으면 오른쪽 아래로 뻗습니다. a가 음수이므로 x와 y의 부호가 달라지기 때문에 제2사분면과 제4사분면을 지납니다.

자, 지금까지 본 정비례 관계 그래프들의 공통점이 두 가지 있습니다.

첫째는 직선이라는 점입니다.

둘째는 무엇일까요? 바로 원점을 지난다는 사실이에요.

오른쪽 좌표평면에 원점을 지나지 않는 직선이 있습니다. 이 직선이 지나는 좌표는 (1, 2), (2, 3), (3, 4), (4, 5)예요. 직선이 오른쪽 위로 뻗으니 정비례 관계 같나요? 하지만 정비례는 좌표의 '변화' 관계를 살펴봐야 정확합니다. x의 값

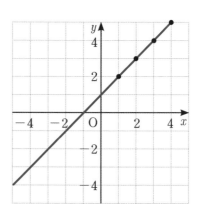

이 1, 2, 3, 4가 됨에 따라 y의 값은 2, 3, 4, 5가 돼요. 계산해 보면, x의 값이 2배, 3배, 4배가 됨에 따라 y의 값은 $\frac{3}{2}$배, $\frac{4}{2}$배, $\frac{5}{2}$배가 됩니다. 따라서 정비례 관계가 아니에요.

사실 이건 관계식으로도 설명할 수 있어요. $y = ax$에서 x에 0을 넣으면, $y = a \times 0 = 0$이 됩니다. 그러니 정비례 관계식 $y = ax$의 그래프는 반드시 원점 $(0, 0)$을 지남을 알 수 있어요.

지금까지 살펴본 $y = ax (a \neq 0)$의 그래프의 특징을 최종 정리하면 다음과 같습니다.

첫째, 직선입니다.

둘째, 원점을 지납니다.

셋째, $a > 0$이면 오른쪽 위로 뻗고, 제1사분면과 제3사분면을 지납니다. $a < 0$이면 오른쪽 아래로 뻗고, 제2사분면과 제4사분면을 지납니다.

정비례 관계의 그래프를 직접 그려 보자

· · · · ·

점 2개만 찍으면 정비례 관계의 그래프를 그릴 수 있다.

펜을 들고 아래에 직선을 그려 봅시다. 단, 주어진 조건에 맞게 그려 보세요.

한 점 A를 지나는 직선	서로 다른 두 점 A, B를 지나는 직선
•A	•A •B

직접 직선을 그려 보면, 점 A를 지나는 직선은 무수히 많이 그릴 수 있다는 사실을 알게 됩니다.

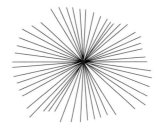

한두 개 정도가 아니라, 말 그대로 무수히 많아요. 어떤 친구들은 선 사이에 공간이 없을 정도로 그어 버리곤 해요.

반면 서로 다른 두 점을 지나는 직선은 다음과 같이 오직 하나뿐입니다. 많은 친구들이 2개 이상을 그어 보려고 무진장 애를 쓰지만, 성공할 수 있는 길은 없다는 걸 알고 결국 포기하지요.

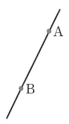

그런데 이게 무슨 의미고, 왜 이걸 알아야 할까요?

$y = ax$의 그래프를 그리기 위해서는 딱 2개의 점이 어디 있는지만 알면 된다는 뜻이에요.

정비례 관계 $y = ax(a \neq 0)$의 그래프는 원점을 지나는 직선이에요. 따라서 원점을 제외한 나머지 한 점의 좌표를 찾아 좌표평면 위에 나타내고, 이 점과 원점을 지나는 직선을 그으면 이것이 바로 $y = ax$의 그래프입니다.

예시로 $y = x$의 그래프를 그려 봅시다. $x = 1$일 때 $y = 1$이므로 이 그래프는 점 (1, 1)을 지납니다. 따라서 원점 (0, 0)과 점 (1, 1)을 좌표평면에 표시한 후, 이 두 점을 지나는 직선을 그리면 $y = x$의 그래프가 돼요. 물론 (1, 1) 대신 (−3, −3) 같은 다른 점을 찾아도 상관없습니다.

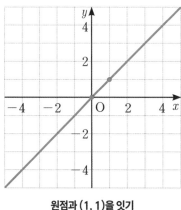

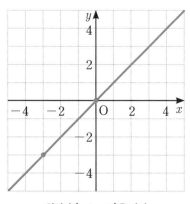

원점과 (1, 1)을 잇기   원점과 (−3, −3)을 잇기

만약 a가 정수가 아닌 분수라면 어떻게 하면 좋을까요? a의 분모의 수를 x에 넣어, y의 값이 정수가 되게 만들어 줍니다. 점을 격자점에 정확히 표시하려면 좌표가 (정수, 정수) 꼴이어야 하니까요.

예를 들어 $y = \dfrac{4}{3}x$의 그래프를 그려 볼까요? 분모인 3을 x에 대입해 줍시다. $x=3$일 때 $y = \dfrac{4}{3} \times 3 = 4$이므로 (3, 4)를 지납니다. 원점과 (3, 4)를 이으면 되겠지요.

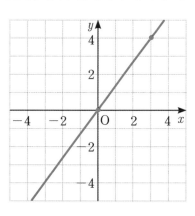

물론 x에 분모의 배수를 넣어서 분수를 없애도 (정수, 정수) 꼴이 돼요. $y=-\dfrac{1}{2}x$의 그래프를 그리기 위해, x에 2의 배수인 4를 넣으면 $y=-\dfrac{1}{2}\times4=2$이므로 $(4, -2)$라는 좌표를 구할 수 있습니다.

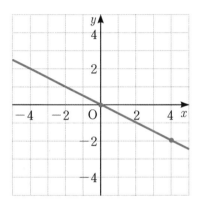

사실 $y=ax\,(a\neq0)$꼴의 식은 2장에서 살펴볼 일차함수의 형태 중 하나입니다. 따라서 좌표평면을 직접 그려 $y=ax$의 그래프를 그려 보는 것은 2장에서 다룰 예정이에요.

좌표평면 위에 다음 정비례 관계의 그래프를 그려 보세요.

1. $y = 2x$

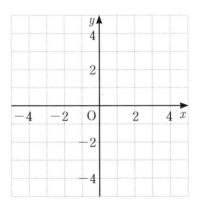

2. $y = -\dfrac{3}{4}x$

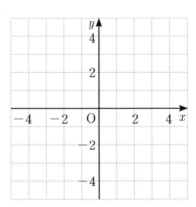

정답과 풀이 230쪽

반비례의 정확한 뜻

• • • • •

반비례는 정비례와 정확히 반대되는 개념이다.

다음은 솜사탕 36개를 x명에게 똑같이 나눠 줄 때, x명이 변함에 따라 한 사람이 받은 솜사탕의 개수 y개가 변하는 것을 나타내는 표입니다.

x(명)	1	2	3	4	6	⋯
y(개)	36	18	12	9	6	⋯

'변화하는 두 양 사이의 관계'에 초점을 맞추어 바라볼까요? x의 값이 1명의 2배, 3배, 4배, 6배가 됨에 따라 y의 값이 36개의 $\frac{1}{2}$배, $\frac{1}{3}$배, $\frac{1}{4}$배, $\frac{1}{6}$배가 됨을 알 수 있어요.

이처럼 두 변수 x, y에서 x의 값이 2배, 3배, 4배, …로 변함에 따라 y의 값이 $\frac{1}{2}$배, $\frac{1}{3}$배, $\frac{1}{4}$배, …로 변하는 관계가 있으면 y는 x에 반비례한다고 합니다. y가 x에 반비례할 때, x와 y 사이에는 반비례 관계가 있다고 하고요.

앞에서 살펴본 사람 수 x와 솜사탕의 수 y의 관계를 식으로 표현하면 어떻게 될까요? $y = 36 \div x = \frac{36}{x}$이 되겠지요.

이제 일반적인 반비례의 관계식을 구해 봅시다. 다음과 같이 $x = 1$일 때 $y = a\,(a \neq 0)$라 하고, x와 y가 반비례 관계일 때 x와 y 사이의 관계식은 $y = a \times \frac{1}{x}$이므로, $y = \frac{a}{x}$입니다.

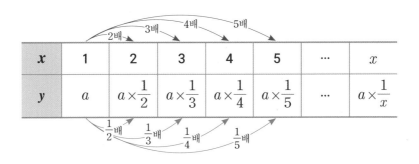

x	1	2	3	4	5	…	x
y	a	$a \times \dfrac{1}{2}$	$a \times \dfrac{1}{3}$	$a \times \dfrac{1}{4}$	$a \times \dfrac{1}{5}$	…	$a \times \dfrac{1}{x}$

따라서 y가 x에 반비례하면, x와 y 사이의 관계를 나타내는 식은 $y = \frac{a}{x}\,(a \neq 0)$입니다.

여기서 강조하고 싶은 건 다름 아닌 반비례를 표현하고 말하는 방식입니다. 자, 120쪽인 수학책을 하루에 x쪽씩 읽으면 모두 읽는 데 y일이 걸린다고 할 때 이를 표로 나타내면 다음과 같습니다.

x(쪽)	1	2	3	4	⋯
y(일)	120	60	40	30	⋯

y가 x에 반비례하는지 살펴볼까요? 보통은 $y = \dfrac{120}{x}$ 꼴의 식을 만듭니다. 그런 다음 '$y = \dfrac{120}{x}$ 이므로, y가 x에 반비례합니다.'라고 답을 쓰지요. 그런데 이건 정확하지 않아요. 'x의 값이 2배, 3배, 4배, ⋯로 변함에 따라 y의 값도 $\dfrac{1}{2}$배, $\dfrac{1}{3}$배, $\dfrac{1}{4}$배, ⋯로 변하므로 y가 x에 반비례한다.'가 정확한 표현입니다. 이를 식으로 표현한 것이 $y = \dfrac{120}{x}$ 꼴이지요.

흔히 반비례 문제를 풀 때 많이 사용하는 꿀팁(?)은 $y = \dfrac{a}{x}$의 양변에 x를 곱하여, $xy = a$의 꼴을 이용하는 것입니다. 서로 짝을 이루는 관계인 대응의 관점에서 보는 거죠.

위의 수학책 문제의 경우, 표를 보고 $xy = 120$의 꼴을 찾을 수 있어요. x와 y를 곱하면 120으로 항상 일정하다는 것을 이용한 거예요. 하루에 5쪽씩 읽으면 y는 얼마일까요? x에 5만 대입하면 $y = 24$라는 걸 쉽게 알 수 있습니다. 편하죠.

하지만 공부를 할 때는 반비례에서도 변화 관점의 풀이법이 더 좋습니다. 반비례 역시 '변화'에 초점을 맞춰 바라본 관계이기 때문이죠. x의 값이 1에서 5로 5배가 되었으므로, 반비례하는 y의 값은 $\dfrac{1}{5}$배가 된다는 관점으로 문제를 풀면 $y=120 \times \dfrac{1}{5}=24$(일)로 계산됩니다.

결과는 똑같지만 과정이 다르고, 머릿속에 쌓이는 개념의 탄탄함은 더더욱 다를 거예요. 이것이 중학생의 수학입니다.

집에서 240km 떨어진 여행지를 시속 $x$km로 이동할 때 걸린 시간이 y시간입니다. 다음의 표를 완성하고 x와 y 사이의 관계식을 구해 봅시다. (단, 집과 여행지 사이에서 직선으로 이동했습니다.)

x	20	40	60	80	100	⋯
y						⋯

관계식:

정답과 풀이 **230쪽**

반비례 관계를 그래프로 나타내면?

· · · · ·

곡선이 등장해도 당황하지 말자.

반비례 관계도 그래프로 나타내 봅시다. $y = \dfrac{6}{x}$에서 다음과 같은 표를 완성할 수 있어요.

x	-6	-3	-2	-1	1	2	3	6
y	-1	-2	-3	-6	6	3	2	1

표에서 x의 값과 y의 값을 순서쌍 (x, y)로 나타내고, 이를 좌표로 하는 점을 좌표평면 위에 나타내 봅시다. 그러면 오른쪽 페이지의 〈그림 1〉과 같이 나타나요.

정비례 그래프를 다룰 때와 마찬가지로, y의 값으로 꼭 정수가 나올 필요는 없어요. 따라서 x에 다른 수들도 넣어 봅시다. 점 (4, 1.5), (5, 1.2)도 좌표평면 위에 나타내면 오른쪽 페이지의 〈그림 2〉와 같아요.

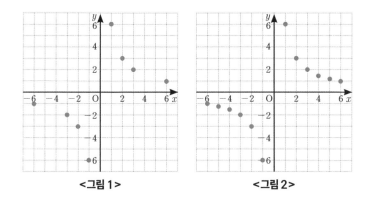

<그림 1>   <그림 2>

x의 값의 범위가 수 전체일 때(단, $x=0$은 제외), 〈그림 3〉과 같이 두 좌표축에 한없이 가까워지는 한 쌍의 매끄러운 곡선이 됩니다. 이것이 바로 $y=\dfrac{6}{x}$의 그래프예요.

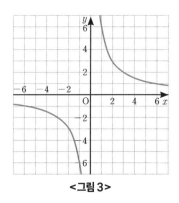

<그림 3>

마찬가지로 x의 값이 0을 제외한 수 전체일 때, 반비례 관계 $y=-\dfrac{4}{x}$, $y=\dfrac{12}{x}$의 그래프를 좌표평면 위에 그리면 76쪽과 같아요.

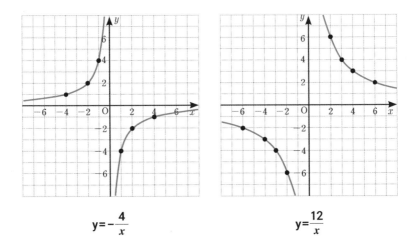

$$y = -\frac{4}{x}$$

$$y = \frac{12}{x}$$

혹시 눈치챘나요? a의 값이 양수라면(오른쪽 12) 그래프가 제1사분면과 제3사분면을 지납니다. 반면 a의 값이 음수면(왼쪽 -4) x와 y의 부호가 서로 다르므로 제2사분면과 제4사분면을 지납니다. 정비례 관계의 그래프와 같은 특징이지요.

지금까지 살펴본 반비례 관계 $y = \dfrac{a}{x} (a \neq 0)$의 그래프의 특징을 최종 정리하면 다음과 같습니다.

첫째, 두 좌표축에 한없이 가까워지는 한 쌍의 매끄러운 곡선입니다. 즉 원점을 지나지 않습니다.

둘째, $a > 0$이면 제1사분면과 제3사분면을 지납니다. $a < 0$이면 제2사분면과 제4사분면을 지납니다.

반비례의 그래프는 나중에 함수와 연결이 되는데, 바로 고1 때 배우는 유리함수입니다. 그때 반비례 그래프에 대해 수학적으로 좀 더 자세히 살펴보게 될 거예요. 유리함수를 배우기까지는 아직 충분한 시간이 있으니 너무 염려하지 말고, 지금 알게 된 특징들만 머리에 담아 두세요.

좌표평면 위에 다음 반비례 관계의 그래프를 그려 보세요. 그래프가 지나는 점을 표시한 후 점을 이어 그래프를 그리는 겁니다.

1. $y = \dfrac{4}{x}$

2. $y = -\dfrac{12}{x}$

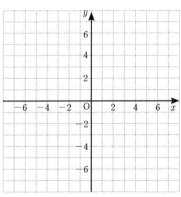

정답과 풀이 231쪽

관계식을 구하지 않고 문제를 푸는 법

· · · · ·

어떤 관계인지만 알면 a의 값을 몰라도 문제를 풀 수 있다.

다음과 같은 문제가 주어졌을 때, 어떻게 해결할 수 있을까요?

"정비례 관계 $y = ax$의 그래프가 두 점 (2, 4), (3, k)를 지날 때, k의 값은?"

자, 보통은 이렇게 풉니다. 정비례 관계의 식 $y = ax$에서 a의 값을 모르니 일단 a부터 구합니다. $y = ax$에 (2, 4)를 대입하면 $4 = a \times 2$, $a = 2$입니다. $y = 2x$를 구했습니다. 여기에 (3, k)를 대입하면, $k = 2 \times 3 = 6$이 되겠네요.

이처럼 서로 짝을 이루는 (2, 4)를 $y = ax$에 대입해 a를 구하고, 똑같이 서로 짝을 이루는 (3, k)를 $y = 2x$에 대입하여 답을 구합니다. 이는 대응의 관점에서 문제를 해결하는 것이에요. 물론 대응의 관점으로 푸는 방법이 틀린 것은 아니며 심지어 교과서에도 그렇게 설명하고 있어요.

하지만 중학교에서 비례 관계를 보는 관점은 변화예요. 따라서 변화로 문제를 해결하는 것이 더 바람직합니다. 변화로 문제를 해결하면 개념을 바람직하게 소화할 수 있거든요. 거기에 더해, a의 값을 구하지 않고도 답을 찾을 수 있다는 이점도 있지요.

실전으로 들어가, 앞의 문제를 변화의 관점에서 풀어 봅시다.

두 점 $(2, 4)$, $(3, k)$에서 x의 값은 2에서 3으로 $\dfrac{3}{2}$배가 되었습니다. 정비례 관계이니 y의 값도 4에서 k로 $\dfrac{3}{2}$배가 되어야 해요. 따라서 $k = 4 \times \dfrac{3}{2} = 6$ 입니다. 앞에서 구한 답과 똑같죠?

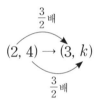

강조하고 싶은 점은, 정비례 관계 $y = ax$에서 a의 값은 사실 중요하지 않다는 것입니다. a의 값이 무엇이든 $y = ax$의 꼴이라면 정비례 관계이기 때문이죠. 정비례 관계의 뜻은 x의 값이 2배, 3배, 4배, …로 변함에 따라 y의 값도 2배, 3배, 4배, …로 변하는 것입니다. 즉 a의 값이 달라진다고 이 정비례의 의미가 달라지는 게 아니에요. 이미 문제에서 정비례임을 알려 줬으니, a의 값을 구하지 않고도 문제를 해결할 수 있지요.

반비례 관계에서도 마찬가지입니다. $y=\dfrac{a}{x}$에서 a의 값을 구하지 않고도 답을 찾을 수 있어요. 반비례가 무엇이었지요? 변하는 두 양 x, y에서 x의 값이 2배, 3배, 4배, …로 변함에 따라 y의 값도 $\dfrac{1}{2}$배, $\dfrac{1}{3}$배, $\dfrac{1}{4}$배, …로 변할 때 y는 x에 반비례한다고 했지요.

실전으로 들어가, 이 문제를 풀어 봅시다.

"반비례 관계 $y=\dfrac{a}{x}$의 그래프가 두 점 $(3, -4)$, $(b, 2)$를 지날 때, b의 값은?"

대응 관점에서 풀면 이렇습니다.

① $(3, -4)$를 $y=\dfrac{a}{x}$에 대입하여 a의 값을 구한다.

$-4=\dfrac{a}{3}$, $-4\times3=a$, $a=-12$

② $y=\dfrac{-12}{x}$에 $(b, 2)$를 대입하여 b를 구한다.

$2=\dfrac{-12}{b}$, $2b=-12$, $b=-6$

변화 관점에서 풀면 이렇습니다.

① 두 점 $(3, -4)$, $(b, 2)$에서 y의 값은 -4에서 2로 $-\dfrac{1}{2}$배가 됨을 확인한다.

② 반비례 관계이므로, x의 값의 변화는 $-\dfrac{1}{2}$배의 역수인 -2배가 되어야 한다.

③ x의 값은 3에서 b로 -2배가 되므로, $b = 3 \times (-2) = -6$이다.

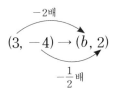

만약 관계식이나 구체적인 숫자가 아닌 그래프가 주어지면 어떻게 해야 할까요? 마찬가지예요. 그래프가 나오면 무서우니까 저도 모르게 관계식을 구하고 그 식에 대입하려 하는데, 그러지 말고 그래프 자체를 보며 변화의 관점에서 풀어보세요.

다음의 그래프가 주어지고 k 값을 구하는 문제에서, $(3, -4)$에서 $(k, 12)$까지의 변화를 살펴보면 되겠죠? y의 값은 -4에서 12로 -3배가 됩니다. 이 정비례 관계의 변화를 그래프에 화

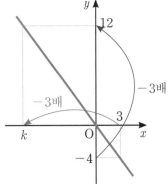

살표를 이용해 표시하면 $k = 3 \times (-3) = 9$입니다. (팁을 주자면, 두 점 $(k, 12)$와 $(3, -4)$에서 k의 값을 구하는 것이니 k를 포함한 좌표를 뒤에 두는 것이 계산하기 편해요.)

결론은 분명합니다. $y = ax$와 $y = \dfrac{a}{x}$에서, a의 값보다는 식의 형태가 알려 주는 '비례 관계'에 주목해야 한다는 사실이지요.

직접 해 보기

다음 문제를 a의 값을 구하지 말고 변화의 관점으로 해결해 봅시다.

1. 정비례 관계 $y = ax$의 그래프가 두 점 $(k, 4)$, $(3, -2)$를 지날 때, k의 값은?

2. 반비례 관계 $y = \dfrac{a}{x}$의 그래프가 두 점 $(5, 6)$, $(3, b)$를 지날 때, b의 값은?

정답과 풀이 231쪽

2

중2

과정

곧게 뻗은
일차함수

그래서 함수가 뭐예요?

· · · · ·

x가 변함에 따라 y가 하나씩 짝지어지는 관계를 말한다.

1장에서 함수를 공부하기 위한 준비운동을 충분히 했습니다. 이제 함수가 무엇인지 본격적으로 알아볼까요?

정비례 관계에서 다루었던 솜사탕 표를 다시 봅시다. 판매한 솜사탕의 수 x개가 변함에 따라 판매 금액 y원이 변하는 것을 나타내는 표였죠.

솜사탕의 수 x(개)	1	2	3	4	5	⋯
판매 금액 y(원)	3000	6000	9000	12000	15000	⋯

x의 값이 1, 2, 3, ⋯으로 변함에 따라 y의 값이 3000, 6000, 9000, ⋯으로 변합니다. 여기서 x의 값이 변함에 따라 y의 값이 '하나씩' 정해진다는 것에 주목하세요. 이게 바로 함수입니다.

y는 x의 함수라는 말은, 두 변수 x, y에 대하여 x의 값이 변함에 따라 y의 값이 하나씩만 정해지는 관계라는 뜻이에요. 다르게

표현하면, y의 값이 2개 이상이면 안 된다는 말이지요.

정비례뿐만 아니라 반비례도 x가 변함에 따라 y가 하나씩 정해지기는 마찬가지이므로 반비례 역시 함수라고 할 수 있겠지요? 두 변수 x와 y가 정비례하거나 반비례하면 y는 x의 함수입니다.

함수를 설명하는 예시는 꽤 있습니다. 상자에 하나의 수를 넣으면 다른 수가 하나 나오는 '수 상자', 버튼 하나를 누르면 하나의 음료수가 나오는 '자판기' 등이 있지요.

'영화'도 함수의 예시랍니다. 영화의 원리는 영사기라는 기계를 이용해 빠른 속도로 사진을 연속적으로 보여 주면, 눈의 잔상효과로 인해 움직이는 것처럼 보이는 것입니다. 이 사진을 프레임이라 해요. 영화를 특정 시간에 멈추면, 우리가 볼 수 있는 것은 단 하나의 프레임(사진)이에요. 영화 시간 x가 변함에 따라 프레임 y가 하나씩만 있으니, 영화 시간과 프레임의 관계가 함수라 할 수 있죠.

재미있는 사실. 똑같은 영화여도 영사기가 2대인 3D 영화는 함수가 아닙니다. 3D 영화는 2개의 카메라로 똑같은 장면을 다른 각도에서 촬영한 후 겹쳐서 영화를 만들어요. 이걸 3D 안경을 통해 보면 입체적으로 보입니다. 따라서 영화를 특정 시간에 멈추면 2개의 프레임이 나옵니다. 시간 x가 변함에 따라 프레임 y가 2개이므로 함수가 아니겠죠?

함수가 아닌 또 다른 경우를 들어 볼게요. 자연수 x의 약수를 y라고 할 때, x와 y 사이의 관계를 표로 나타내 볼까요?

x	1	2	3	4	5	6	...
y	1	1, 2	1, 3	1, 2, 4	1, 5	1, 2, 3, 6	...

x의 값이 2일 때 y의 값은 1과 2로 2개입니다. y의 값의 개수가 3개 또는 4개가 되기도 하네요. 당연히 함수가 아니지요.

마지막으로, 함수를 쓸 때는 '$y=\sim$' 형태로 씁니다. x의 값에 따라 y의 값이 변하니까 식을 y에 대해 정리하는 건 당연해요. $y=2x$가 아니라 $x=\dfrac{1}{2}y$라고 식을 정리하면, x의 값이 변함에 따라 달라지는 y의 값을 구하기 어렵겠죠?

y는 x의 함수인가요? 맞으면 ○, 틀리면 ×를 적으세요.

1. 50m 달리기를 할 때 달린 거리 xm와 남은 거리 ym _____
2. 자연수 x보다 작은 홀수 y _____
3. 우리 반 학생 20명 중 x월에 태어난 학생의 번호 y _____
4. 한 변의 길이가 $x$cm인 정사각형의 넓이 $y$cm^2 _____

정답과 풀이 232쪽

함수의 기호와 함숫값

· · · · ·

굳이 f(x) 같은 기호를 만든 데는 이유가 있다.

함수는 영어로 function(기능)이에요. 이 말을 처음 사용한 사람은 17세기 독일의 수학자 라이프니츠로, 함수의 발전에 매우 큰 역할을 했어요. 참고로 누가 먼저 미적분을 발명했는지를 두고 라이프니츠와 뉴턴이 다퉜고, 이것이 영국과 유럽 대륙의 과학자들 간 자존심 싸움으로 번진 이야기는 유명하죠.

18세기 수학자 오일러는 function의 첫 글자 f를 이용하여 함수를 $f(x)$라고 썼어요. 이것이 현재 쓰이는 함수 기호예요.

$y = f(x)$를 이용하면 y 대신 $f(x)$를 넣어, 함수 $y = 2x$를 $f(x) = 2x$로 표현할 수 있어요.

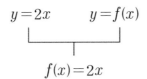

y 대신 $f(x)$를 사용하면 함숫값을 편하게 쓸 수 있어요. 함숫값은 x의 값이 정해질 때 그에 따라 정해지는 y의 값을 의미해요. 예를 들어 $y=2x$라는 함수에서 $x=1$에서의 함숫값은 $y=2\times 1=2$입니다. 이때 x가 1일 때의 함숫값을 간단히 $f(1)$로 쓸 수 있답니다. 즉 'x가 1일 때의 함숫값을 구하여라.'라고 길게 쓸 필요 없이 '$f(1)$을 구하여라.'라고 쓰면 된다는 뜻이에요.

x와 y의 값을 동시에 볼 수 있다는 것도 장점이에요. '$f(1)=2$'를 보면 'x가 1일 때의 함숫값이 2구나!' 하고 알아볼 수 있으니까요.

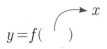

함수에 어떤 x값을 넣는지에 따라 함숫값이 달라집니다.

직접 해 보기

$y=f(x)$에 대해, $f(-2)$와 $f(3)$의 값을 각각 구해 봅시다.

1. $f(x)=-\dfrac{8}{x}$

2. $f(x)=2x+1$

정답과 풀이 **232쪽**

일차함수의 일차가 무슨 뜻일까?

· · · · ·

일차함수인지 아닌지는 괄호를 풀어야 판단할 수 있다.

함수는 x의 값이 변함에 따라 y의 값이 하나씩 정해지는 관계라고 했죠. 이런 뜻을 담아서 함수를 쉽게 표현하는 방법은, x와 y의 변화 관계를 관계식으로 나타내는 것이에요. $y=2x$와 같은 모양의 식을 정말 많이 봤죠?

이 관계식의 형태에 따라 함수는 여러 종류로 나뉩니다. 그중 하나가 2장의 주제인 일차함수예요. 결론부터 말하면, 일차함수의 '일'은 하나가 맞습니다.

문자와 식을 배울 때, x에 관한 일차식은 $ax+b$의 꼴이라고 배웠어요. $-2x+5$처럼요. x의 차수, 즉 곱해진 문자의 개수가 하나까지인 식이 일차식이라고 했지요. 이걸 함수에 적용해 볼까요?

$y=3x-11$처럼 $y=(x$에 관한 일차식) 형태일 때, 이를 x에 관한 일차함수라고 합니다. 즉, 함수 $y=f(x)$에서 다음과 같은 형태가 일차함수예요.

$$y = ax + b \ (a, \ b는 \ 수, \ a \neq 0)$$

여기서 $a \neq 0$이라는 조건은 중요합니다. a가 0이 되어 버리면 $ax + b = 0 \times x + b = b$이므로 일차식이 아니거든요.

이 사실을 머리에 담고, 다음 중 일차함수를 모두 찾아봅시다.

① $3x - 1$ ② $2x - 3 = 0$ ③ $y = -x + 5$

④ $y = 3x$ ⑤ $y = \dfrac{2}{x}$ ⑥ $y = \dfrac{3}{5}x + 2$

⑦ $y = x(x - 1)$ ⑧ $y = x(x + 3) - x^2$

우선 일차식, 일차방정식, 일차함수부터 구별합시다. ①은 일차식이고 ②는 일차방정식입니다. ③처럼 $y = (x$에 관한 일차식) 형태만이 일차함수예요. y가 없다면 함수가 될 수 없어요.

④는 일차식이니 일차함수네요. 모양은 정비례고요. ⑤처럼 x가 분모에 있는 반비례 관계식은 일차함수가 아닙니다. 한편 ⑥은 a가 $\dfrac{3}{5}$인 일차식이므로 일차함수예요.

⑦은 x와 $x - 1$이 있으니 일차함수처럼 보이지요?

하지만 우변을 전개해 보면 이야기가 달라집니다.

$$y = x(x - 1) = x^2 - x$$

전개해 보니 이차식이 나오므로, 일차함수가 아니네요.

⑧은 x^2이 있으니 무조건 일차함수가 아니라고 생각하기 쉽지만, 이것도 우변을 전개한 후 정리해 보세요.

$$y = x(x+3) - x^2 = x^2 + 3x - x^2 = -3x$$

$y = -3x$라는 식이 나오네요. 일차함수가 맞습니다.

일차함수를 찾을 때는 이렇게 식을 전개하여 깔끔하게 정리한 다음 판단해야 해요.

다음은 일차함수인가요? 맞으면 ○, 틀리면 ×를 쓰세요.
(이유도 생각해 보면 좋겠네요.)

1. $-2x + 5$ ____

2. $y = \dfrac{x+3}{2}$ ____

3. $y = -3 + \dfrac{1}{2}x$ ____

4. $y = (6x-1)x - 2x(3x+1)$ ____

정답과 풀이 232쪽

일차함수의 그래프는 어떤 모양일까?

· · · · ·

정비례 그래프에서 출발하면 된다.

함수를 x와 y의 관계식으로 나타내면 좋은 점이 하나 있습니다. 바로 함수를 좌표평면 위에 그래프로 나타낼 수 있다는 점이에요. 그래프는 변하는 두 양의 관계를 시각적으로 보여 주지요. 그렇다면 일차함수 $y = ax + b\,(a \neq 0)$의 그래프는 우리에게 무엇을 보여 줄까요? 그리고 어떤 방식으로 그릴 수 있을까요? 차근차근 알아봅시다.

1장에서 정비례 관계 $y = \dfrac{1}{2}x$의 그래프를 이렇게 좌표평면 위에 그린 적이 있습니다. 정비례 관계 $y = ax\,(a \neq 0)$의 그래프는 원점을 지나는 직선이었어요. 정비례 관계는 $y = ax$ 형태이므로 일차함수겠죠? 이렇게 보니, 우리는 이미 일차함수의 그래프를 그릴 수 있었네요.

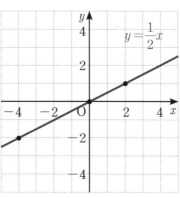

일차함수의 형태는 $y=ax+b$로, $y=ax$는 b가 0인 경우라고 할 수 있죠. 그럼 b가 0이 아닌 그래프는 어떻게 그릴까요?

이를 알기 위해 일차함수 $y=2x$와 $y=2x+3$을 나란히 놓고 봅시다. x의 값이 정수로 변함에 따라 정해지는 y의 값을 표로 나타내면 다음과 같아요.

x	$\cdots$	-3	-2	-1	0	1	2	3	$\cdots$
$y=2x$	$\cdots$	-6	-4	-2	0	2	4	6	$\cdots$
$y=2x+3$	$\cdots$	-3	-1	1	3	5	7	9	$\cdots$

표로 정리하니, 각각의 x값에 대하여 $y=2x+3$의 함숫값은 $y=2x$의 함숫값보다 항상 3만큼 크다는 것을 알 수 있습니다.

이걸 그래프로 나타나면 어떻게 될까요? $y=2x$의 그래프를 위쪽으로 3만큼 이동하면, 그게 바로 $y=2x+3$의 그래프가 되겠네요.

초등학생 때 평행이동의 개념을 배웠죠? 한 도형을 일정한 방향으로 일정한 거리만큼 옮기는 것을 말하잖아요. 따라서 '그래프를 위쪽으로 3만큼 이동했다.'를 평행이동이라는 용어를 써서 표현하면 "그래프를

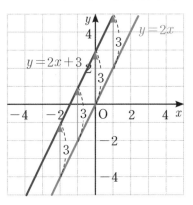

y축의 방향으로 3만큼 평행이동했다."가 되겠습니다.

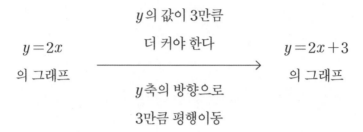

한편 $y=2x-3$의 그래프는 어떻게 될까요? 각각의 x의 값에 대하여 함숫값이 $y=2x$보다 3만큼 작잖아요. 따라서 $y=2x$의 그래프를 아래쪽으로 3만큼 이동하면, $y=2x-3$의 그래프가 됩니다. "그래프를 y축의 방향으로 -3만큼 평행이동했다."라고 표현해요.

점을 좌표로 표현할 때, 원점을 기준으로 아래쪽으로 3만큼 움직이면 y좌표를 -3으로 나타냈잖아요. 마찬가지로 아래쪽으로 평행이동하는 것도 음수를 써서 표현해요.

$y=2x-3$은 $y=2x+(-3)$이므로 위로 이동하든, 아래로 이동하든 상관없이 문자를 사용해 개념을 한꺼번에 정리할 수 있어요.

일차함수 $y=ax+b$의 그래프는 일차함수 $y=ax$의 그래프를 y축의 방향으로 b만큼 평행이동한 직선입니다.

이제 일차함수를 직접 그릴 수 있습니다. $y = -x - 2$의 그래프를 그려 볼까요? $y = -x$의 그래프를 y축의 방향으로 -2만큼 평행이동하면 되겠네요. 따라서 $y = -x$의 그래프를 그린 다음, 아래쪽으로 2만큼 평행하게 이동하는 거예요.

$y = -x$가 원점을 지나므로, 원점에서 아래로 2만큼 내려온 지점인 $(0, -2)$에 점을 찍습니다. 이 점을 지나면서 $y = -x$의 그래프에 평행하게 그리면 됩니다.

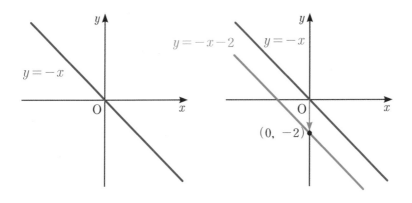

결론을 정리할게요. 첫째, 일차함수의 그래프는 직선입니다. 둘째, $y = ax$의 그래프는 원점을 지나는 직선이고요. 셋째, $y = ax + b\,(b \neq 0)$의 그래프는 원점을 지나지 않는 직선입니다. 쉽죠?

좌표평면에 주어진 그래프를 평행이동하여 다음 일차함수의
그래프를 그려 보세요.

1. $y = -\dfrac{5}{3}x + 4$

2. $y = -\dfrac{5}{3}x - 2$

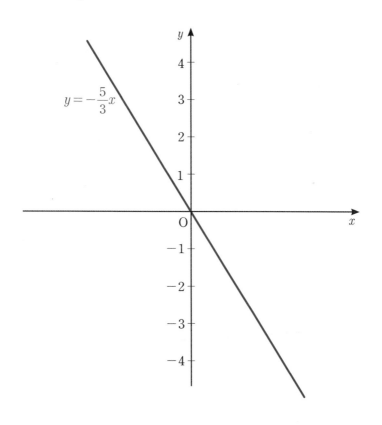

정답과 풀이 **233쪽**

일차함수의 그래프는 기울어져 있다

• • • • •

함수의 관계식을 보면 기울기를 알 수 있다.

기울기라는 단어는 일상에서 흔히 쓰는 표현이에요. 예를 들어 '기울기가 완만한 언덕'이라는 표현은 언덕 모양이 평지에 가깝다는 뜻이에요. '기울기가 가파른 언덕'은 그 반대겠죠.

기울기를 사전에서 찾아보면 '수평선에 대한 경사선의 기울어진 정도.'라고 나오는데, 이 기울어진 '정도'를 어떻게 표현해야 할까요? 수학에서는 '수'로 표현합니다.

우선 $y = 3x$, $y = x$, $y = \frac{1}{2}x$의 그래프를 그려 봅시다. 세 그래프는 기울어진 정도가 달라요. 그런데 가만히 보니, $y = ax$에서 a의 값이 클수록 기울어진 정도가 가파르네요. 기울어진 정도와 a의 값이 연결된다는 뜻이에요. 가파를수록 양수 a의 값은 커지고, 완만할수록 양수 a의

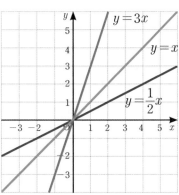

값은 작아집니다.

따라서 $y = ax$의 그래프의 기울기를 a라 합시다.

$$y = a\,x$$
기울기

일차함수식을 알고 있다면 기울기를 구하는 것이 매우 쉬워요. $y = 3x$, $y = x$, $y = \dfrac{1}{2}x$ 그래프의 기울기는 각각 3, 1, $\dfrac{1}{2}$입니다.

그래프가 가파를수록 기울기의 값은 커집니다. 따라서 더 가파른 순서가 $y = ax$, $y = bx$, $y = cx$의 그래프 순이라면, a, b, c의 대소관계는 $a > b > c$라는 사실을 알 수 있어요.

만약 a가 음수인 $y = ax$의 그래프의 기울기는 어떻게 될까요? $y = ax$의 그래프의 기울기는 a이니, 음수여도 똑같습니다. $y = -2x$의 그래프의 기울기는 -2라는 뜻이지요.

그런데 기울기가 음수라니? 조금 불편한 느낌이 들 수 있어요. 그리고 그래프를 보면, $y = x$와 $y = -x$의 기울어진 정도가 똑같잖아요. '기울어진 정도가 같으면 기울기도 같아야 하는 것 아닌가?' 하는 생각도 들 수 있지요.

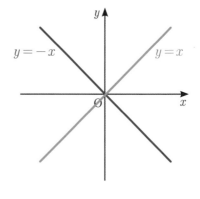

이것을 변화의 관점에서 살펴봅시다. x의 값이 증가할 때, 즉 원점에서 오른쪽으로 이동할 때를 살펴볼게요.

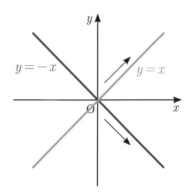

$y=x$의 그래프는 원점에서 오른쪽으로 갈 때 위로 올라갑니다. x의 값이 커지니 y의 값도 같이 커지네요? 올라가는 것을 양수(+)라 볼 수 있어요. 기울기도 실제로 양수인 1입니다.

반면 $y=-x$의 그래프에서는 오른쪽으로 갈 때 아래로 내려갑니다. x의 값이 커지는데 y의 값은 작아지네요. 평지(x축)의 기울기를 0이라고 본다면, 내려가는 것을 음수(−)로 정하는 것은 수학적으로 매우 타당해요. 음수의 기울기가 나오는 이유를 알겠지요?

이걸 거꾸로 생각할 수도 있어요. 만약 그래프만 보고 기울기 a가 양수인지 음수인지 판단하려면, 원점을 기준으로 오른쪽으로 이동할 때 그래프가 올라가느냐 내려가느냐를 보면 되겠죠? 올라가면 a가 양수, 내려가면 a가 음수입니다.

다음의 일차함수식 4개를 좌표평면 위에 그래프로 나타내 봤어요. 다음의 일차함수식과 그래프를 서로 연결해 보세요.

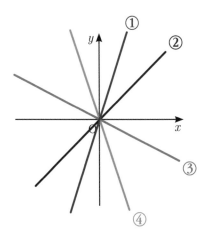

1. $y = x$ 　　　　2. $y = -0.5x$

3. $y = -3x$ 　　　4. $y = 3x$

정답과 풀이 **233**쪽

기울기를 보고 y=ax의
그래프를 그려 보자

· · · · ·

관계식에서 기울기를 찾고 크기를 보자.

일차함수 $y = ax$의 그래프는 1장에서 다룬 정비례의 그래프와 똑같습니다. 1장에서 정비례 관계 $y = ax$의 그래프가 원점을 지나는 직선이므로, 원점을 제외한 나머지 한 점을 찾아 원점과 이어 줌으로써 $y = ax$의 그래프를 그릴 수 있었지요. (기억이 나지 않으면 66쪽을 다시 보고 오세요.)

일차함수 $y = ax$도 마찬가지로 점을 찍어 그릴 수 있지만, 기울기를 이용하여 그릴 수도 있습니다. 그 방법을 알기 위해서 가장 기본인 $y = x$와 $y = -x$의 그래프부터 시작해 볼까요?

102쪽 그래프를 볼까요? $y = x$와 $y = -x$의 그래프에서 직각이등변삼각형을 만들 수 있습니다. 따라서 $y = x$의 그래프의 기울어진 정도는 반시계방향으로 $45°$고, $y = -x$의 그래프의 기울어진 정도는 시계방향으로 $45°$예요. 여기에서 포인트는 무엇일까요? (그래프와 x축과의 거리)=(그래프와 y축과의 거리)라는 것이지요.

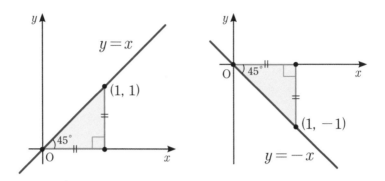

$y = x$와 $y = -x$의 그래프를 기준으로, 나머지 $y = ax$의 그래프를 그릴 수 있어요.

$y = ax$에서 $a > 1$이면 $y = x$의 기울기 1보다 큽니다. 따라서 $y = x$의 그래프보다 기울어진 정도가 더 가파르게 나타나죠. 한편 a가 0보다 크고 1보다 작다면($0 < a < 1$), $y = x$의 기울기보다 작으므로 더 완만해지고요.

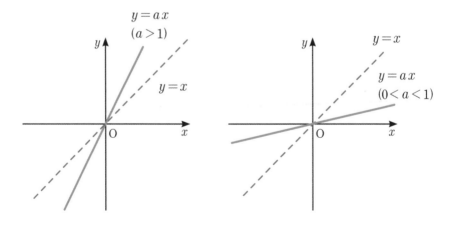

$y = ax$에서 $a < -1$인 경우와 $-1 < a < 0$인 경우의 그래프는 어떻게 그릴 수 있을까요? $y = -x$의 그래프와 비교하여 그리면 되겠네요.

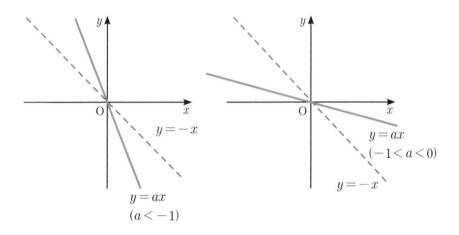

기울기를 이용해 일차함수 $y = ax$의 그래프를 그릴 때는, 정확히 그리기보다는 기울어진 정도를 적절히 나타내면 돼요. 살펴본 네 가지 경우가 서로 구별이 되게만 그려 줍시다.

만약 한 좌표평면 위에 $y = ax$의 그래프를 여러 개 그릴 때는, 기울어진 정도가 더 가파르거나 더 완만하게 차이를 두어 상대적으로 그리면 되겠죠?

이렇게 기울기를 이용해 그릴 줄 알아야 하는 이유는 무엇일까요? 정비례를 배우는 중학교 1학년 때는 주어진 좌표평면 위에 그래프를 그립니다. 격자도 있는 경우가 많아 쉽게 느껴지지요. 하지만 일차함수를 배우는 중학교 2학년 때부터는 아무것도 없는 흰 종이에 좌표평면을 직접 그린 후 그래프를 그릴 수 있어야 해요. '무'의 상태에서 그래프를 그리려면 기울기와 그래프의 모양에 대한 감각이 필수랍니다.

넓은 종이에 좌표평면을 그린 후 주어진 일차함수의 그래프를 기울기를 이용하여 한꺼번에 그려 보세요. 단, 하나의 좌표평면에 모든 그래프를 그려야 해요.

- $y = 2x$
- $y = -3x$
- $y = -0.7x$
- $y = \dfrac{3}{5}x$

정답과 풀이 233쪽

일차함수 y=ax+b의
그래프에서 기울기는?

· · · · ·

b가 더해졌을 뿐, a는 변하지 않았다.

앞에서 $y=ax$의 그래프의 기울기를 살펴봤는데요. 일차함수에는 $y=ax+b$도 있습니다. b가 0이 아니라면 그래프의 기울기는 어떻게 될까요? b가 더해졌으니 무언가 달라질까요?

우선 평행이동의 관점에서 봅시다. 일차함수 $y=ax+b$의 그래프는 일차함수 $y=ax$의 그래프를 y축의 방향으로 b만큼 평행이동한 직선이에요. 그래프를 보면, 평행이동을 했기 때문에 기울어진 정도에는 변함이 없다는 걸 알 수 있어요. 따라서 $y=ax$와 $y=ax+b\,(b\neq0)$의 그래프의 기울기는 같습니다.

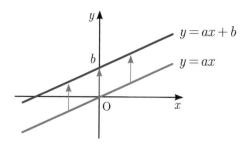

이 사실을 머리에 담고 관계식을 살펴볼까요? $y=ax+b$와 $y=ax$를 비교해 보니, x의 계수인 a가 똑같다는 사실을 알 수 있어요. 그러므로 $y=ax+b$의 그래프의 기울기도 역시 a입니다.

$$y=\underset{\text{기울기}}{a}x+b$$

실제로 좌표평면에 다양한 일차함수의 그래프를 그려 보겠습니다.

a의 값이 서로 다른 4개의 그래프를 한 좌표평면 위에 놓고 비교해 볼까요? 실제로 a의 값이 큰 그래프가 기울어진 정도가 더 크다는 것을 알 수 있어요. 또한 a가 음수인 경우 오른쪽 아래를 향하고 있네요.

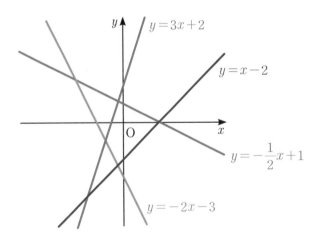

이제 $y=ax+b$의 그래프의 기울기를 a라고 하는 것에 문제가 없다는 것을 확실히 알겠지요?

$y=ax+b$의 기울기 a를 통해 알아낼 수 있는 사실을 정리해 봅시다. 우선 a가 양수면 오른쪽 위로 뻗고, a가 음수면 오른쪽 아래로 뻗습니다. 절댓값이 클수록 기울어진 정도가 크고요. $y=ax$의 기울기와 성질이 같네요!

(절댓값이 뭔지는 알죠? 원점으로부터의 거리를 말하잖아요. 기호는 $|a|$이므로, $|3|=3$, $|-2|=2$입니다.)

여기서 꼭 알아야 할 건, 서로 다른 두 일차함수의 그래프에서 기울기가 같다면 서로 평행하다는 사실이에요.

직접 확인해 볼까요? 세 일차함수 $y=2x+3$, $y=2x$, $y=2x-3$의 그래프를 좌표평면에 그려 보는 거예요.

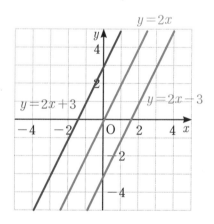

그래프의 기울기는 모두 2로 같은데, 좌표평면에 그려 보면 실제로 평행하다는 사실을 알 수 있어요.

거꾸로 생각한다면, 두 일차함수의 그래프가 서로 평행하면 기울기가 서로 같겠죠? 평행하다면 기울어진 정도가 같아야 하니까요.

일차함수 관계식 5개를 그래프로 그렸습니다.

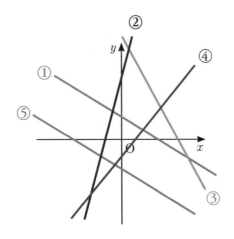

1. 다음에 제시한 일차함수식과 그래프를 짝지어 보세요.

   (1) $y = x - m$ _____

   (2) $y = -\dfrac{1}{2}x + k$ _____

   (3) $y = 3x + t$ _____

   (4) $y = -1.5x + h$ _____

   (5) $y = -0.5x - 4$ _____

2. 기울기가 양수인 그래프의 번호를 쓰세요. _____

3. 서로 평행한 일차함수의 번호를 쓰세요. _____

정답과 풀이 **233쪽**

그래프만 있고 기울기가 없을 때 1

· · · · ·

기울기의 핵심은 변화다.

$y = -3x + 5$의 그래프의 기울기는 -3입니다. 이렇게 일차함수의 관계식이 있으면 기울기를 바로 알 수 있어요.

그런데 만약 관계식이 없이 그래프만 주어진다면 기울기를 어떻게 구할 수 있을까요?

중학생의 함수는 대응이 아니라 변화라고 했죠. 기울기를 찾을 때도 변화를 이용하면 됩니다. 즉 x의 값이 변함에 따라 y의 값이 어떻게 변하는지에 주목하는 거예요.

원점에서부터 $y = 2x$의 그래프 위의 한 점(도착점)까지의 변화를 살펴봅시다.

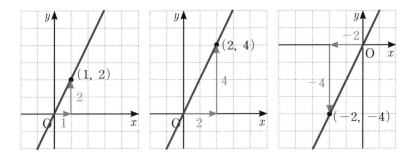

가장 왼쪽 그래프는 원점에서 (1, 2)로 움직였는데, x의 값이 1만큼 변함에 따라 y의 값은 2만큼 변했습니다. 중간 그래프는 원점에서 (2, 4)까지의 변화로, x의 값이 2만큼 변하고 y의 값은 4만큼 변했네요. 가장 오른쪽 그래프는 x의 값이 -2만큼 변함에 따라 y의 값은 -4만큼 변했습니다.

x의 값의 변화량에 대한 y의 값의 변화량의 비율을 계산해 봅시다.

$$\frac{(y\text{의 값의 변화량})}{(x\text{의 값의 변화량})}=\frac{2}{1}=\frac{4}{2}=\frac{-4}{-2}=2$$

세 경우 모두 2로 같지요? 그리고 이 값은 $y=2x$의 기울기 2와 똑같습니다.

기울기가 음수인 경우에도 마찬가지로 구할 수 있어요. $y=-\dfrac{1}{2}x$의 그래프의 경우, 격자에 딱 들어맞는 $(4, -2)$를 선택하여 표시하면 되겠죠? 원점에서부터 도착점 $(4, -2)$까지의 변화를 가로, 세로 순으로 화살표를 이용해 나타내고 변화량을 써 봅시다.

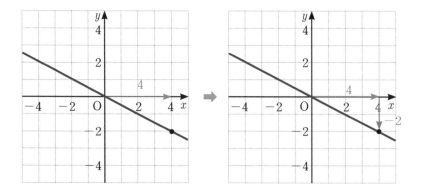

이제 x의 값의 변화량에 대한 y의 값의 변화량의 비율을 구해 봅시다.

$$\frac{(y의\ 값의\ 변화량)}{(x의\ 값의\ 변화량)} = \frac{-2}{4} = \frac{-1}{2} = -\frac{1}{2}$$

정확히 $y = -\frac{1}{2}x$의 그래프의 기울기인 $-\frac{1}{2}$이 나옴을 확인할 수 있어요.

정리합시다. 변화를 이용해 일차함수의 기울기를 구하는 방법은 다음과 같습니다.

$$(기울기) = a = \frac{(y의\ 값의\ 변화량)}{(x의\ 값의\ 변화량)}$$

실은 중학교 2학년 친구들은 알 거예요. 교과서에서 기울기를 처음 배울 때 이 분수식을 접한다는 사실을요. 하지만 처음부터 '비율'로 기울기를 배우면 다들 어려워하더라고요. 그래서 먼저 시각적으로 기울기를 보여 주고 이 분수식을 나중에 다뤘습니다.

교과서와 이 책이 다른 점이 또 하나가 있어요. 이 책에서는 변화량이라는 말을 쓴다는 점이죠.

교과서에서 기울기는 $\frac{(y의\ 값의\ 증가량)}{(x의\ 값의\ 증가량)}$으로 표현합니다. 이것이 기울기에 대한 정확한 표현이 맞아요. 하지만 경험상 많은 학생들이 증가보다는 변화라는 표현을 더 잘 이해하고 받아들이기 쉬워

해서, 이 책에서는 '변화량'이라고 표현합니다. '−2만큼 증가한다'
보다는 '−2만큼 변화한다'가 더 입에 잘 붙더라고요.

다음 그림과 같은 일차함수의 그래프의 기울기를 구해 봅시
다. 단, 앞에서 소개한 방법대로 구해야 해요.

1.

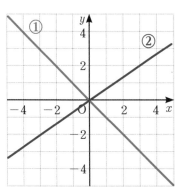

2.

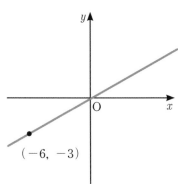

정답과 풀이 234쪽

그래프만 있고 기울기가 없을 때 2

· · · · ·

중요한 건 좌표가 아니라 변화다.

그래프를 가지고 $y = ax$의 그래프의 기울기를 구하는 방법을 배우고 나니, 자연스레 이런 궁금증이 생길 수밖에 없어요. 바로 일차함수 $y = ax + b\,(b \neq 0)$의 그래프의 기울기는 그래프로 어떻게 구할까입니다.

$y = 2x$의 그래프의 기울기를 구할 때는 원점에서 그래프 위의 한 점까지의 변화를 이용했지요? 하지만 $y = ax + b\,(b \neq 0)$의 그래프는 원점을 지나지 않기 때문에 원점을 활용할 수 없습니다. 그러니 그래프 위의 서로 다른 두 점에 대한 변화를 살펴봐야 해요.

예시로 $y = 2x - 1$의 그래프 위에 서로 다른 두 점에 대한 변화를 화살표로 나타내 봅시다. 114쪽 그래프를 보세요.

시작점 $(1, 1)$에서 도착점 $(3, 5)$까지의 변화를 봅시다. x의 값이 2만큼 변함에 따라 y의 값은 4만큼 변했습니다.

한편 시작점 $(0, -1)$에서 도착점 $(1, 1)$까지의 변화를 봅시다. x의 값이 1만큼 변함에 따라 y의 값은 2만큼 변했네요.

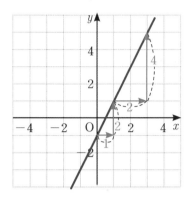

그러면 x의 값의 변화량에 대한 y의 값의 변화량의 비율을 계산해 볼까요? $\dfrac{(y\text{의 값의 변화량})}{(x\text{의 값의 변화량})} = \dfrac{2}{1} = \dfrac{4}{2} = 2$가 되겠지요.

혹시 발견했나요? 이 값은 $y = 2x - 1$의 기울기인 2와 똑같다는 사실을요. 따라서 $y = ax + b\,(b \neq 0)$의 그래프에서도 이 비율을 활용할 수 있어요. 단지 원점 대신, 그래프 위의 서로 다른 두 점의 변화를 살펴봐야 한다는 게 차이일 뿐이지요.

$$(\text{기울기}) = a = \frac{(y\text{의 값의 변화량})}{(x\text{의 값의 변화량})}$$

이제 실제로 $y = ax + b\,(b \neq 0)$의 그래프의 기울기를 구하는 연습을 해 봅시다.

각각의 일차함수에 대하여 격자점에 해당하는 서로 다른 두 점 (시작점과 도착점)을 찾아, 두 점의 변화를 화살표($\rightarrow \uparrow \leftarrow \downarrow$)로 나타내고 변화량을 씁니다.

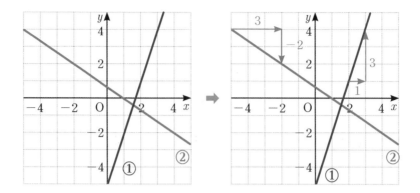

①의 그래프: (기울기) $= \dfrac{(y\text{의 값의 변화량})}{(x\text{의 값의 변화량})} = \dfrac{3}{1} = 3$

②의 그래프: (기울기) $= \dfrac{(y\text{의 값의 변화량})}{(x\text{의 값의 변화량})} = \dfrac{-2}{3} = -\dfrac{2}{3}$

x와 y의 값의 변화량을 구하는 방법을 조금 더 자세히 살펴볼까요? 이는 1장에서 점의 좌표를 구하는 방법과 같습니다.

좌표를 구할 때는 원점을 기준으로 생각한 변화량이 곧 좌표였지요. 하지만 원점이 아닌 점에서의 변화를 생각할 때는, 두 점 중 한 점을 기준으로 잡아야 해요. 기준이 되는 점이 시작점이 되고, 나머지 한 점이 도착점이 되는 거죠. 그리고 좌표를 구할 때 썼던 방법을 똑같이 기울기를 구할 때 적용하면 됩니다.

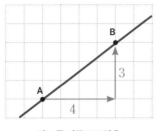

점 A를 기준으로 잡음　　　　　**점 B를 기준으로 잡음**

점 A가 기준: (기울기) $= \dfrac{(y\text{의 값의 변화량})}{(x\text{의 값의 변화량})} = \dfrac{3}{4}$

점 B가 기준: (기울기) $= \dfrac{(y\text{의 값의 변화량})}{(x\text{의 값의 변화량})} = \dfrac{-3}{-4} = \dfrac{3}{4}$

기준(시작점)을 어디로 잡느냐에 따라 기울기를 구하는 방법은 두 가지지만, 결과는 같을 수밖에 없겠죠. 따라서 둘 중에 편한 방법을 쓰면 돼요. 보통은 x의 값이 증가하는 경우를 많이 씁니다. 하지만 이해의 측면에서 두 가지 방법을 다 알고는 있는 것이 좋아요.

그런데 잘 보세요. 위의 그래프에서 우리는 점 A와 점 B의 좌표를 모릅니다. 그럼에도 불구하고 기울기를 구할 수 있지요. 이것이 핵심이에요.

좌표를 알면 $y = ax + b$라는 식에 좌표를 대입하여 기울기를 구할 수 있어요. 또는 공식처럼 $\dfrac{(y\text{의 값의 변화량})}{(x\text{의 값의 변화량})} = \dfrac{y_2 - y_1}{x_2 - x_1}$에 좌표의 수들을 대입하여 기울기를 구하기도 하고요. 대응의 관점으로 문제를 해결하는 것이에요. 하지만 좌표나 관계식이 주어지지 않으면? 분수식이나 좌표값을 쓸 수 없으니 문제를 풀 수 없겠죠. 반면 이렇게 변화로 함수를 바라보면 문제가 풀립니다. 변화의 관점이 얼마나 큰 힘을 가졌는지는, 실제로 문제를 풀어 보면 실감할 수 있어요. 그러니 좌표를 생각하지 않고 기울기를 구하는 연습을 최대한 많이 해 보세요. 중학생의 함수는 변화니까요.

직접 해 보기

좌표평면에 그려진 일차함수의 그래프의 기울기를 구해 봅시다. 좌표평면에 변화량을 화살표로 나타내는 과정을 꼭 거쳐 보세요!

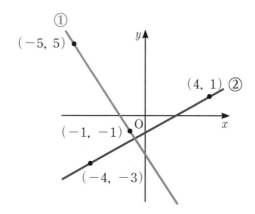

정답과 풀이 234쪽

117

기울기를 구할 때 그래프를 이용해야 하는 이유

. . . . .

또 강조하지만, 중요한 건 좌표가 아니라 변화다.

그래프는 함수를 시각적으로 표현하는 도구입니다. 특히 그래프는 변화를 시각화하여 변화하는 상황을 표현하고 분석하는 데 유용해요. 따라서 함수를 그래프로 나타내는 것은 매우 중요합니다.

하지만 중학교 함수에서는 아쉽게도 그래프를 이용하지 않고도 문제가 해결되는 경우가 많아요. 단순하게 함수의 관계식에 좌표를 대입하거나, 함수식의 문자에 대응하는 수를 넣어 답을 찾아요. 함수가 단순히 식의 계산이 되는 거죠. 이것이 가능한 이유는, 중학교에서 다루는 일차함수와 이차함수는 함수식이 복잡하지 않기 때문이에요. 식으로만 해결이 가능하거든요.

중학교에서는 당장 큰 어려움이 없지만, 함수를 그래프로 바라보는 연습이 부족하면 고등학교에 올라가 힘들 수 있어요. 실제로 고등학교에서는 삼차함수, 사차함수에 삼각함수, 지수함수, 로그함수 등 정말 다양한 함수를 배우고요. 함수를 가지고 미분과 적분까지합니다. 고등학교 함수는 그래프를 보고 다루는 능력이 필수라는 뜻이에요.

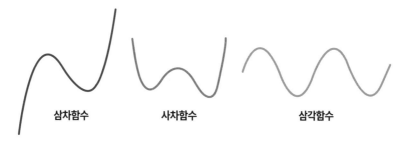

삼차함수   사차함수   삼각함수

따라서 중학교 때부터 그래프를 그리며 함수를 그래프로 해석하고 분석하는 능력을 키워야 합니다. 의도적으로 말이죠.

함수는 변화입니다. 변화와 직접적으로 관련이 있는 것이 기울기고요. 기울기를 가장 잘 파악하는 법은, 그래프를 통해 시각적으로 접근하는 것입니다. 따라서 일차함수의 그래프의 기울기를 구하는 문제에서는 꼭 그래프를 그려서 문제를 해결하도록 하세요.

문제를 하나 예로 들어 볼게요. 두 점 $(-2, -1)$, $(1, 1)$을 지나는 직선을 그래프로 하는 일차함수의 기울기를 구하는 문제를 풀어 봅시다.

이 문제의 기본 해법은 다음과 같이 식으로만 해결합니다.

$$(\text{기울기}) = \frac{(y\text{의 값의 변화량})}{(x\text{의 값의 변화량})} = \frac{1-(-1)}{1-(-2)} = \frac{2}{3}$$

두 점의 x 좌표의 차를 이용하여 x의 값의 변화량을 구하고, 두 점의 y 좌표의 차를 이용하여 y의 값의 변화량을 구했습니다. 기울기 식에 수를 대입하여 기울기를 찾은 셈이지요. 하지만 이런 단순 계산으로는 함수를 바라보는 눈을 키울 수 없어요.

이제 이 책에서 권하는 방법을 설명합니다.

좌표평면을 그린 후, 두 점 $(-2, -1)$, $(1, 1)$을 좌표평면 위에 표시합니다. 그리고 두 점을 이어 일차함수를 그려요. 한 점(시작점)에서 다른 한 점(도착점)까지의 변화를 가로, 세로 순으로 화살표로 나타냅니다. x의 값의 변화량 3과 y의 값의 변화량 2를 화살표에 표시한 후, 기울기를 구합니다.

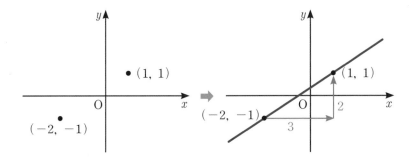

$$(\text{기울기}) = \frac{(y\text{의 값의 변화량})}{(x\text{의 값의 변화량})} = \frac{2}{3}$$

어차피 $\dfrac{(y\text{의 값의 변화량})}{(x\text{의 값의 변화량})}$으로 푸는 건 똑같다고요? 전혀 다릅니다. 그래프를 그려 기울기를 그리니 변화가 눈에 보이고, 얼마나 기울어져 있는지도 보이지요. 더불어 그래프를 그리는 연습도 할 수 있고요.

그러니 기울기를 구하는 문제에서는 의도적으로 그래프를 이용해 구하길 권합니다. 나중에 반드시 힘이 될 거예요.

$(-7, 1)$을 지나고 기울기가 $\dfrac{2}{3}$인 일차함수의 그래프를 좌표평면 위에 그리고, 이를 이용하여 일차함수 위의 점 $(-1, a)$의 a의 값을 구해 봅시다.

정답과 풀이 **234쪽**

일차함수의 그래프에서 절편을 구해 보자

· · · · ·

절편은 좌표가 아닌 수다.

일차함수의 그래프는 직선입니다. $y = ax + b$에서 기울기 a는 0이 아니므로, 모든 일차함수의 그래프는 기울어져 있는 직선이에요. 따라서 일차함수의 그래프는 무조건 x축 및 y축과 만날 수밖에 없지요.

수학적 성질은 수학적 용어로 나타내면 편해요. 수학적 성질을 간단히 표현할 수 있으니까요. '일차함수는 x축 및 y축과 무조건 만난다'라는 성질과 관련 있는 수학적 용어를 알아볼게요.

일차함수의 그래프가 x축 및 y축과 만나는 점은, 당연히 각각 x축과 y축 위에 있겠지요? 1장에서 다루었던 축 위에 있는 점의 특징을 떠올려 봅시다. x축 위에 있는 점은 y좌표가 항상 0이고, y축 위에 있는 점은 x좌표가 항상 0이라고 했지요. 그러므로 일차함수의 그래프가 x축과 만나는 점은 x좌표에만 신경 쓰면 되고, y축과 만나는 점은 y좌표에만 관심을 가지면 됩니다. 이를 각각 x절편, y절편이라 합니다. 더 정확한 용어로 설명할게요.

- x절편: 함수의 그래프가 x축과 만나는 점의 x좌표
- y절편: 함수의 그래프가 y축과 만나는 점의 y좌표

오른쪽 좌표평면에 일차함수 $y=2x-4$의 그래프가 있네요.

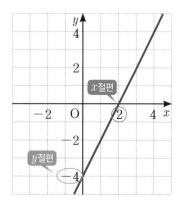

x축과 만나는 점의 좌표는 (2, 0) 입니다. y축과 만나는 점의 좌표는 (0, −4)네요.

따라서 $y=2x-4$의 그래프의 x절편은 2고 y절편은 −4입니다.

주의할 점이 있어요. x절편과 y절편은 좌표가 아니라 수입니다. 즉 '$y=2x-4$의 x절편을 구하시오.'라고 물었을 때, (2, 0)이라고 답하면 틀리다는 뜻이에요. '$x=2$입니다.'라고 답해도 틀려요. 기억하세요. x절편과 y절편은 수로 표현합니다. $y=2x-4$의 x절편은 2고, x축과 만나는 점의 좌표가 (2, 0)이에요.

한편 그래프를 보지 않고도 일차함수식만으로 x절편과 y절편을 구할 수 있어요. 일차함수의 그래프는 항상 (x절편, 0)과 (0, y절편)을 지나잖아요. 따라서 일차함수식 $y=ax+b$에 $y=0$을 대입하여 구한 x의 값이 x절편이 됩니다. 일차함수식 $y=ax+b$에 $x=0$을 대입하여 구한 y의 값이 y절편이 되고요.

특히 $y=ax+b$에 $x=0$을 대입하면 $y=a\times0+b=b$가 되므로, b는 y절편입니다.

$$y = \underline{ax} + \underline{b}$$

기울기 y절편

생각해 보면, $y = ax + b$의 그래프는 일차함수 $y = ax$의 그래프를 y축의 방향으로 b만큼 평행이동한 직선이에요. 따라서 b가 y절편인 것은 당연하겠네요.

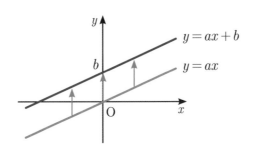

다음 일차함수의 그래프의 x절편과 y절편을 각각 구해 보세요. 함수식만 보고 구해 보는 거예요.

1. $y = 2x - 10$

2. $y = -\dfrac{3}{5}x - 3$

정답과 풀이 235쪽

일차함수 y＝ax＋b의 그래프를 그려 보자

· · · · ·

일차함수식만 있으면 그래프를 그릴 수 있다.

앞에서 일차함수 $y = ax + b$의 그래프에서 a는 기울기, b는 y 절편이라는 사실을 알아보고 왔어요. 이를 이용하여 $y = ax + b$의 그래프를 그려 봅시다.

가장 먼저 b가 y절편임을 이용할게요. y축과 만나는 점의 좌표가 $(0, b)$네요. 좌표평면 위에 점 $(0, b)$를 표시합니다.

일차함수의 그래프가 지나는 한 점을 찾았으니, 나머지 한 점을 찾아 두 점을 이으면 되겠지요? 나머지 한 점을 찾는 방법은 크게 두 가지가 있어요.

첫째, $(0, b)$를 기준으로 기울기를 이용해 나머지 한 점을 찾는 방법.

둘째, 일차함수식에 $y = 0$을 대입하여 x절편을 구한 다음 좌표평면에 (x절편, 0)을 찍는 방법.

두 가지 방법을 다 알아야 일차함수의 그래프를 자유자재로 그릴 수 있어요.

예시로 $y = \dfrac{2}{3}x + 2$의 그래프를 그려 볼까요? y절편이 2이므로, 그래프와 y축이 만나는 점 $(0, 2)$를 좌표평면에 표시한 후 시작합시다.

첫째, 기울기를 이용하는 방법부터 알아봅시다.

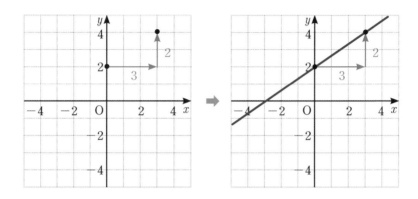

기울기 a가 $\dfrac{2}{3} = \dfrac{(y의\ 값의\ 변화량)}{(x의\ 값의\ 변화량)}$이니, x의 값의 변화량이 3일 때 y의 값의 변화량은 2입니다. 즉 $(0, 2)$를 기준으로 오른쪽으로 3칸 이동 후 위쪽으로 2칸 이동하고 점을 찍습니다. 그리고 두 점을 이어 그래프를 그려요.

이때 기울기를 반드시 $\dfrac{2}{3}$로 보지 않아도 됩니다. 기울기를 다양하게 표현할 수 있거든요. $\dfrac{2}{3} = \dfrac{4}{6} = \dfrac{-4}{-6}$ 등등. 어떤 점을 찾아도, 두 점을 이어서 그린 그래프는 모두 똑같아요.

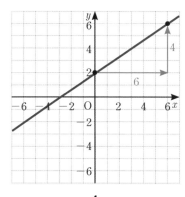 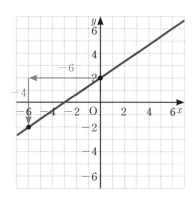

기울기를 $\dfrac{4}{6}$ 로 본 경우   기울기를 $\dfrac{-4}{-6}$ 로 본 경우

둘째, x절편을 구하는 방법을 알아봅시다. $y = \dfrac{2}{3}x + 2$에 $y = 0$을 대입해 정리를 해 볼까요?

$$0 = \dfrac{2}{3}x + 2$$

2를 좌변으로 이항하면 $-2 = \dfrac{2}{3}x$

양변에 $\dfrac{3}{2}$을 곱하면 $-2 \times \dfrac{3}{2} = \dfrac{2}{3}x \times \dfrac{3}{2}$

$$x = -3$$

x절편은 -3입니다. x축과 만나는 점의 좌표인 $(-3, 0)$을 표시한 후, 두 점을 이어 그래프를 그리면 완성이에요.

127

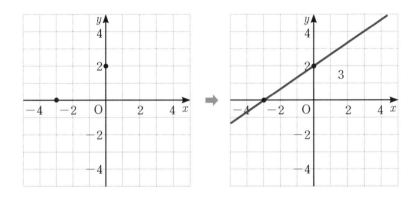

만약 x절편이 0이면 절편을 이용해 일차함수의 그래프를 그릴 수 없어요. 왜냐하면 y절편도 0이기 때문에, 일차함수의 그래프가 원점인 (0, 0)을 지난다는 것밖에 모르니까요.

그럴 때는 1장에서 배웠던 정비례 관계 그래프를 그리는 방법을 활용하면 되겠죠? 일차함수식에서 한 점을 찾아 찍고, 이 점을 원점과 이어 주는 거예요. 그리고 그런 경우는 관계식이 $y = ax$의 꼴이라는 것도 알 수 있어요.

물론 기울기를 이용한 방법을 사용해도 된답니다. 원점을 기준으로 잡으면 되니까요.

$y = -\dfrac{1}{2}x + 2$의 그래프를 두 가지 방법으로 그려 보세요.

1. y절편과 기울기를 이용하기

2. y절편과 x절편을 이용하기

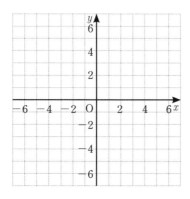

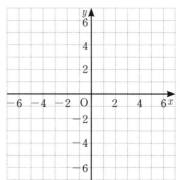

정답과 풀이 **235쪽**

129

일차함수의 식을 구해 보자 1
기울기와 y절편이 주어졌을 때
• • • • •

일차함수식은 기울기과 y절편으로 이루어져 있다.

일차함수의 식 $y = ax + b$를 통해 $y = ax + b$의 그래프를 그리고 기울기와 y절편, x절편까지 구할 수 있었어요.

그렇다면 거꾸로 일차함수의 그래프에 대한 정보들을 활용하여 일차함수의 식을 구할 수도 있어야 해요. 다양한 정보가 주어졌을 때 일차함수의 식을 구하는 방법을 알아볼까요?

우선 기울기와 y절편이 주어졌을 때를 살펴봅시다.

일차함수 $y = ax + b$의 그래프에서 a는 기울기고, b는 y절편임을 여러 번 봤지요? 일차함수의 식 자체가 기울기와 y절편을 포함하고 있기에, 기울기와 y절편이 주어진다면 a와 b 대신 수를 넣어 일차함수의 식을 바로 구할 수 있어요.

예를 들어 기울기가 2이고 y절편이 -4인 직선을 그래프로 하는 일차함수의 식은 무엇일까요? $y = ax + b$에서 a 대신 2를, b 대신 -4를 넣어, $y = 2x - 4$를 구할 수 있지요.

그런데 일차함수의 식을 구하는 것도 중요하지만, 이 그래프가

어떤 모양일지 아는 것도 매우 중요해요. 기울기의 부호와 y절편의
부호에 따라 일차함수 $y = ax + b$의 그래프 모양은 어떻게 될까
요?

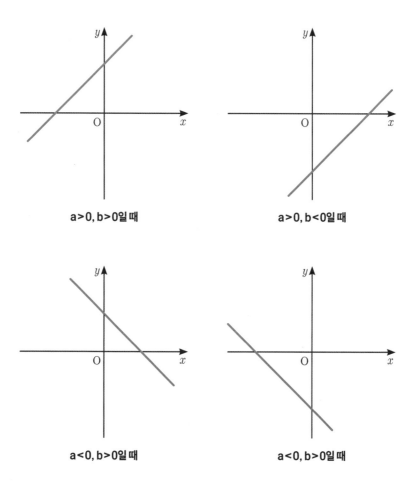

a>0, b>0일 때

a>0, b<0일 때

a<0, b>0일 때

a<0, b>0일 때

이 사실을 머릿속에 담으면, 기울기와 y절편의 부호를 통해 일 차함수의 그래프를 대략적으로 상상할 수 있어요. 그래프를 수치에 맞게 정확하게 그리지 않고, 모양을 파악하는 용도로 그려 보는 거 예요.

앞에서 구했던 $y = 2x - 4$의 그래프를 대략적으로 그려 볼까요? 기울기가 양수이니 오른쪽 위로 향하고요. y절편이 음수이므로 그 래프를 이렇게 대략적으로 그릴 수 있답니다.

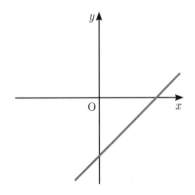

그런데 기울기와 y절편을 정확히 알고 있으니, 좀 더 구체적으로 그릴 수 있어요.

y절편이 -4이므로 y축과 만나는 점은 $(0, -4)$입니다. 따라서 그 부분에 -4를 써 주면 알아보기 좋겠네요.

한편 기울기는 어느 정도로 그리면 좋을까요? 앞서 $y = x$의 그래 프와 $y = -x$의 그래프를 기준으로 삼아 그래프를 그리는 연습을

했었죠. 여기서도 마찬가지입니다. $y=2x-4$의 그래프의 기울기
가 2이니, $y=x$의 그래프보다는
더 가파르게 그리면 돼요.

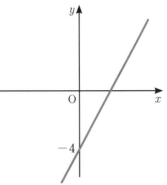

즉, y절편을 이용해 y축과의
교점을 숫자로 표시하고, 기울어
진 정도를 신경 써서 그리면 됩니
다. 전부 종합해 오른쪽과 같이 그
릴 수 있어요.

직접 해 보기

다음과 같은 직선을 그래프로 하는 일차함수의 식을 구한 후,
종이에 좌표평면을 그리고 직선을 대략적으로 그려 보세요.

1. 기울기가 $-\dfrac{1}{2}$이고 y절편이 -2인 직선

2. 기울기가 -1.25이고 y절편이 4인 직선

정답과 풀이 **235쪽**

일차함수의 식을 구해 보자 2
기울기와 한 점이 주어졌을 때
. . . . .

주어진 조건을 이용해 y절편을 구해 보자.

기울기와 한 점이 주어졌을 때는 일차함수의 식을 어떻게 구할 수 있을까요? 문제를 예로 들어 설명할게요.

기울기가 -2이고, 점 $(2, 3)$을 지나는 직선을 그래프로 하는 일차함수의 식을 구하는 기본 풀이는 다음과 같아요.

기울기가 -2이므로 구하는 일차함수의 식은

$y = -2x + b$ ……①

이 그래프가 점 $(2, 3)$을 지나므로

$x = 2$, $y = 3$을 ①에 대입하면

$3 = -2 \times 2 + b$, 따라서 $b = 7$

구하는 일차함수의 식은 $y = -2x + 7$이다.

단순히 일차함수의 식 $y = -2x + b$에 (2, 3)을 대입하여 b를 구합니다. 함수 문제가 일차방정식 문제가 되어 버렸어요.

이 풀이가 잘못된 것은 아니지만, 함수를 함수답게 풀기 위해서는 그래프를 이용합시다. 함수를 바라보는 눈을 키우고 그래프를 그리는 연습도 하기 위해서 말이지요.

첫째, 좌표평면을 그리고 (2, 3)을 찍은 후, 이 점을 지나는 직선을 그려요. 기울기가 -2이니 오른쪽 아래를 향하고, $y = -x$의 그래프보다는 더 가파르게 그려야겠죠? 그리고 y축과 만나는 점을 (0, b)라 둡시다. 그래프에서는 간단히 교점 옆에 b라 쓰면 돼요.

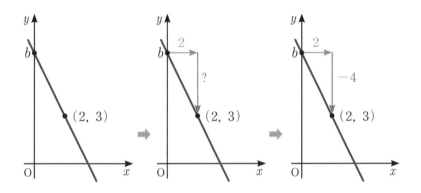

둘째, 기울기 -2를 이용하여 (0, b)을 기준(시작점)으로 도착점 (2, 3)까지의 변화를 화살표를 이용해 표시합니다. x의 값의 변화량이 2이고 기울기가 -2이므로, y의 값의 변화량은 -4입니다. 이를 화살표 옆에 숫자로 표시해 주세요. 그러면 $b - 4 = 3$임을 알

135

수 있고, 따라서 y절편 b는 7입니다.

기울기와 y절편이 나왔으니 일차함수의 식을 구할 수 있습니다. $y = -2x + 7$이네요.

이 풀이법은 그래프에서 기울기를 통해 y절편을 구하는 방법입니다. $(0, y$절편$)$과 $(2, 3)$에서 x의 값의 변화량과 기울기를 통해, y의 값의 변화량을 찾을 수 있어요.

살짝 복잡하게 느껴지나요? 그렇다면 하나만 더 해 봅시다. 기울기가 $\frac{2}{3}$이고, 점 $(-6, -6)$을 지나는 직선을 그래프로 하는 일차함수의 식을 구해 볼까요?

그래프를 그리고, $(-6, -6)$에서 $(0, b)$까지의 x의 값의 변화량 6을 씁니다. 기울기가 $\frac{2}{3}$이므로, y의 값의 변화량은 4입니다. $-6 + 4 = b$이고, y절편은 -2입니다. 따라서 일차함수의 식은 $y = \frac{2}{3}x - 2$입니다.

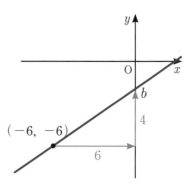

그래프를 그리는 데 익숙하지 않으면 이런 풀이가 어려울 수 있어요. 하지만 연습하다 보면 풀이 방법도 익숙해지고 그래프를 그리는 것도 수월해질 겁니다. 그러면서 실력이 느는 거예요.

직접 해 보기

기울기가 $\frac{1}{2}$ 이고 점 $(6, -1)$을 지나는 직선을 좌표평면 위에 직접 그리세요. 그리고 이 직선을 그래프로 하는 일차함수의 식을 구해 봅시다.

정답과 풀이 236쪽

일차함수의 식을 구해 보자 3
서로 다른 두 점이 주어졌을 때
· · · · ·

주어진 조건을 이용해 y절편을 구해 보자.

기울기를 구할 때는 그래프를 이용하자고 했던 것, 기억하나요? 이때 서로 다른 두 점으로 기울기를 구하는 연습을 했었죠. 여기에 추가로 y절편만 찾으면 일차함수의 식을 구할 수 있습니다.

우선 두 점 (1, 1), (3, 5)를 지나는 직선을 그래프로 하는 일차함수의 식을 구하는 기존의 풀이를 봅시다.

두 점 (1, 1), (3, 5)를 지나는 직선의 기울기는

$$(기울기) = \frac{(y의\ 값의\ 변화량)}{(x의\ 값의\ 변화량)} = \frac{5-1}{3-1} = \frac{4}{2} = 2$$

따라서 구하는 일차함수의 식은

$y = 2x + b$ …… ①

이 그래프가 점 (1, 1)을 지나므로 $x = 1$, $y = 1$을 ①에 대입하면 $1 = 2 \times 1 + b$, 따라서 $b = -1$

구하는 일차함수의 식은 $y = 2x - 1$이다.

함수는 그래프를 그리는 실력과 그래프로 해석하는 능력이 정말 중요한데, 그것과 전혀 상관없는 평범한 방정식 문제가 되어 버렸네요. 지금부터 그래프를 이용하는 풀이를 소개합니다. 반드시 알고, 문제를 이렇게 풀어 보기를 권할게요.

좌표평면 위에 (1, 1)과 (3, 5)를 표시한 후, 두 점을 지나는 직선을 그립니다. 기준(시작점)인 (1, 1)에서 도착점 (3, 5)까지의 변화를 화살표를 이용해 나타내면 기울기는 $\dfrac{4}{2} = 2$가 돼요.

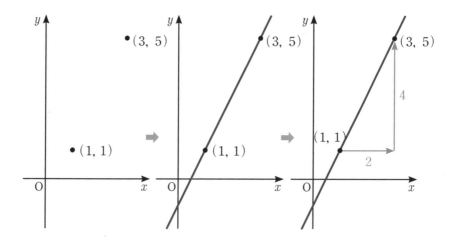

기울기를 알아냈으니, 일차함수의 식을 $y = 2x + b$라 두고 (1, 1) 또는 (3, 5)를 대입하여 식을 구해도 됩니다. 하지만 그래프로 시작했으니, 그래프로 마무리하는 것도 좋겠지요. 134쪽에서 봤던 기울기와 한 점이 주어졌을 때 일차함수의 식을 구하는 방법을 그대로 쓰는 거예요.

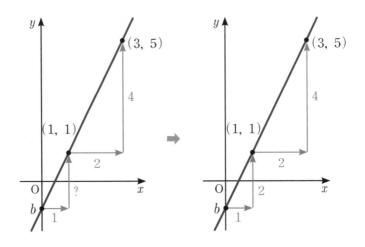

y절편을 구하기 위해 $(0, b)$를 표시하고요. $(0, b)$에서 $(1, 1)$까지의 x의 값의 변화량 1을 표시합니다. 기울기가 2라는 사실을 이용해 y의 값의 변화량 2를 구합니다. 그러면 $b+2=1$이므로 y절편이 -1이네요. 따라서 일차함수의 식은 $y=2x-1$입니다.

두 점 $(-3, -3)$, $(3, 1)$을 지나는 직선을 그리고, 이 직선을 그래프로 하는 일차함수의 식을 구해 봅시다.

정답과 풀이 **236쪽**

일차함수의 식을 구해 보자 4
x절편과 y절편이 주어졌을 때

• • • • •

주어진 조건을 이용해 기울기를 구해 보자.

이번에는 두 절편이 주어졌을 때 일차함수의 식을 구하는 방법을 알아봅시다.

x절편이 -2, y절편이 5인 직선을 그래프로 하는 일차함수의 식을 구해 볼까요? y절편이 5이므로, 이 일차함수의 식은 $y = ax + 5$입니다. 기울기만 구하면 일차함수의 식을 완성할 수 있어요. 물론 $(-2, 0)$을 식에 대입하여 a의 값을 구할 수도 있지만, 이 역시 그래프를 이용해 기울기를 구해 봅시다.

x절편과 y절편을 알고 있으니 그래프가 x축, y축과 만나는 점을 각각 알 수 있어요. 그리고 이 두 점을 이어 그래프를 그릴 수 있습니다. 두 점의 변화를 그래프에 표시하여 기울기를 구하면 $\frac{5}{2}$예요. 따라서 일차함수의 식은 $y = \frac{5}{2}x + 5$입니다.

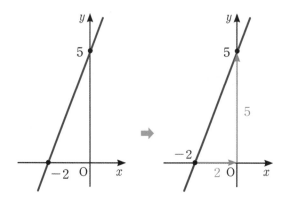

x절편이 12, y절편이 4인 직선을 그래프로 하는 일차함수의 식은 어떻게 될까요? (x절편, 0)과 (0, y절편)을 이어 그래프를 그리고, 기울기를 구해 보세요. 이때 화살표의 방향에 주의해야겠죠?

$\dfrac{-4}{12} = -\dfrac{1}{3}$이 되겠네요. 일차함수의 식은 $y = -\dfrac{1}{3}x + 4$입니다.

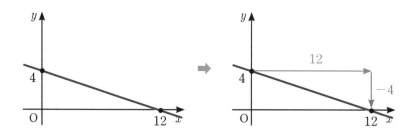

이번에는 문제를 약간 틀어서, 기울기가 $\dfrac{5}{2}$고 y절편이 -10인 직선을 그래프로 하는 일차함수의 x절편을 구해 봅시다. 기본 풀이 대신 그래프를 이용한 풀이법을 이 문제에 적용해 볼게요.

y절편이 -10이므로, y축과의 교점인 $(0, -10)$을 지나는 그래프를 그려요. $(0, -10)$에서 $(x$절편, $0)$까지의 변화를 화살표로 표시합니다. 기울기가 $\dfrac{5}{2}$고 y의 값의 변화량이 10이므로, x의 값의 변화량이 4임을 알 수 있어요. 따라서 x절편은 4입니다.

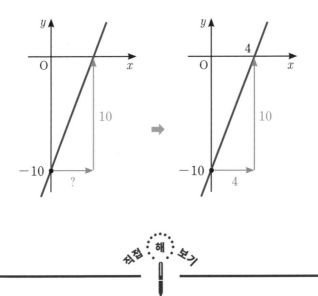

직접 해 보기

x절편이 3, y절편이 -6인 직선을 그리고, 이 직선을 그래프로 하는 일차함수의 식을 구해 봅시다.

정답과 풀이 **236**쪽

일차함수의 활용 1
일차방정식을 그래프로 나타내기

· · · · ·

방정식과 함수는 밀접한 관련이 있다.

$x+y-4=0$과 같이 미지수가 2개인 일차방정식에서, 해는 방정식이 참이 되게 하는 미지수 x와 y의 값을 의미해요. 이를 순서쌍 (x, y)로 나타냅니다. $x+y-4=0$의 해는 (1, 3), (2, 2), (3, 1) 등이 있어요. 만약 x의 값이 수 전체라면 $x+y-4=0$의 해는 무수히 많겠죠? 왜냐하면 x의 값에 어떤 수를 넣든 방정식이 참이 되게 y의 값을 정하면 되니까요.

$x+y-4=0$을 y에 대해 정리하면 $y=-x+4$입니다. 일차방정식 $x+y-4=0$의 해 (x, y)를 좌표평면 위에 나타내면, 일차함수 $y=-x+4$의 그래프 위에 있겠죠?

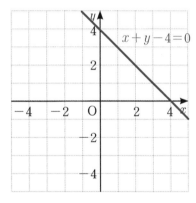

결론적으로, 일차방정식 $x+y-4=0$의 그래프는 일차함수 $y=-x+4$의 그래프와 같아요.

따라서 일차방정식 $x+y-4=0$의 그래프를 그리려면, $y=-x+4$의 그래프를 그리면 됩니다.

이를 일반화해 봅시다. 미지수가 x와 y로 2개인 일차방정식 $ax+by+c=0(a, b, c$는 수, $a\neq0, b\neq0)$를 일차함수 형태인 $y=\sim$ 꼴로 바꿔 보는 거예요.

① $ax+by+c=0$의 ax와 c를 우변으로 이항한다.

　　$by=-ax-c$

② 양변을 b로 나눠 준다.

　　$y=-\dfrac{a}{b}x-\dfrac{c}{b}$

일차방정식 $ax+by+c=0$의 그래프를 이리저리 주물렀더니, 일차함수 $y=-\dfrac{a}{b}x-\dfrac{c}{b}$의 그래프와 같다는 사실을 알아냈습니다. 물론 $y=-\dfrac{a}{b}x-\dfrac{c}{b}$의 꼴을 외울 필요는 전혀 없어요. 일차방정식의 그래프를 일차함수의 그래프로 바라볼 수 있다는 사실을 공유하기 위해 정리했을 뿐이죠. 그저 일차방정식이 주어졌을 때, 적당히 이항하고 정리하여 $y=\sim$ 형태로 바꾸면 그만입니다.

거꾸로 일차함수를 일차방정식으로 바라볼 수도 있어요. $ax+by+c=0$ 꼴로 정리하면 되거든요. 예를 들어 일차함수 $y=2x+3$은 일차방정식 $-2x+y-3=0$으로 바라볼 수 있고요. $y=-\dfrac{3}{2}x-2$는 $\dfrac{3}{2}x+y+2=0$인데, 양변에 2를 곱하면

$3x+2y+4=0$인 일차방정식이 됩니다.

이제 '직선의 방정식'에 대해 알아봅시다. 일차함수 $y=ax+b$의 그래프는 직선이에요. 그리고 $y=ax+b$를 일차방정식 형태인 $-ax+y-b=0$로 바꿨을 때 수학에서는 이를 직선의 방정식이라 불러요. 말 그대로 직선을 나타내는 방정식이라는 뜻이에요. $-2x+y-3=0$와 $3x+2y+4=0$ 역시 직선의 방정식이고요.

여기서 의문이 생깁니다. 일차함수를 일차방정식으로 변형한 식만 직선의 방정식일까요? 이를테면 다음과 같은 직선들이 있어요. 이것들은 어떻게 파악해야 할까요?

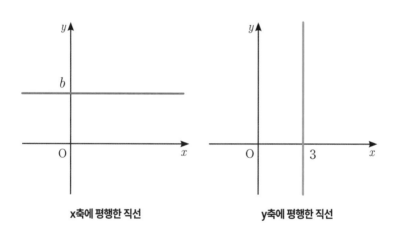

x축에 평행한 직선   y축에 평행한 직선

x축에 평행한 직선은 기울어진 정도가 없습니다. 따라서 기울기가 0이에요. 그럼 $y=ax+b$에서 $a=0$이므로, $y=b$라고 정리됩니다. 따라서 일차함수가 아니에요.

146

하지만 한 가지 소득이 있죠? x축에 평행한 직선의 식은 $y=b$ 꼴이라는 것을 알게 되었습니다. 그리고 놀랍게도 이건 함수예요. 함수의 뜻을 기억하나요? x의 값이 변함에 따라 y의 값은 하나씩만 있어야 한다고 했죠. $y=b$ 역시 x에 대한 y의 값이 b '하나'입니다. 일차함수는 아니지만, 함수는 맞다는 뜻이에요.

$y=b$의 그래프도 직선이므로, $y=b$은 직선의 방정식입니다.

한편 y축에 평행한 직선도 살펴볼까요? (3, 1), (3, 3) 등을 지나므로, y의 값에 상관없이 x의 값은 항상 3이에요. 따라서 y축에 평행한 직선의 식은 $x=3$입니다. 그리고 $x=3$일 때, y의 값이 무수히 많으므로 함수가 아닙니다. 즉 y축에 평행한 직선은 함수의 그래프가 아니에요. 그렇지만 직선의 방정식은 맞습니다.

x축과 평행한 직선과 y축과 평행한 직선의 성질은 다음과 같이 정리할 수 있어요.

- y축에 평행한 직선은 $x=p$ (p는 수)이고, 점 $(p, 0)$을 지난다.
- x축에 평행한 직선은 $y=q$ (q는 수)이고, 점 $(0, q)$를 지난다.

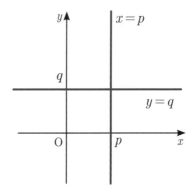

결론적으로 직선의 방정식은 다음과 같이 총 세 가지입니다.

직선의 방정식

- $-ax + y - b = 0$ ($y = ax + b$의 일차방정식 형태)
- $x = p$ (y축에 평행한 직선)
- $y = q$ (x축에 평행한 직선)

이런 직선의 방정식을 왜 배우는지는 나중에 알게 될 거예요. 스포일러가 궁금하면 165쪽을 슬쩍 펼쳐 보세요.

좌표평면을 직접 그린 후, 다음 직선의 방정식이 나타내는 그래프를 그려 봅시다.

1. $2x - y - 2 = 0$

2. $2x + 8 = 0$

3. $x - 3y + 6 = 0$

4. $-3y + 9 = 0$

정답과 풀이 **236쪽**

일차함수의 활용 2
연립방정식의 해 표현하기
· · · · ·

연립방정식의 진정한 이해를 위해 꼭 알아야 한다.

데카르트가 만든 좌표평면이 왜 수학에서 그토록 중요하게 다루어질까요? 왜 우리는 좌표평면과 함수를 이렇게 열심히 배우는 걸까요? 데카르트 이후 수의 관계·식의 계산·방정식과 관련된 대수학과, 도형의 성질을 연구하는 기하학이 하나로 묶여 '해석기하학'이라는 것이 탄생하게 됩니다. 해석기하학이 탄생한 후, 수학은 과학을 발전시키는 데 엄청나게 큰 역할을 하게 되었어요.

지금부터 살펴볼, 연립방정식의 해를 그래프의 교점과 연결시킨 것이 바로 해석기하학의 예입니다. 연립방정식을 대수학적 접근으로만 푸는 것과, 그래프로 표현하여 기하적으로 해를 구하는 것에 어떤 차이가 있는지 살펴보자고요.

연립방정식 $\begin{cases} x - y = -1 \\ 2x + y = 4 \end{cases}$ 의 해는 두 일차방정식 $x - y = -1$ 과 $2x + y = 4$ 둘 다 참이 되게 하는 $x = 1$, $y = 2$입니다.

원래는 대입법이나 가감법을 이용하여 해를 구하지만, 두 일차방정식의 그래프를 그려서 구할 수도 있어요.

$x-y=-1$과 $2x+y=4$ 를 $y=\sim$ 형태로 정리하면, 각각 $y=x+1$과 $y=-2x+4$ 가 됩니다. 어라, 일차함수의 형태네요. 즉 이들 방정식의 그래프는 일차함수 $y=x+1$과 $y=-2x+4$이 그리는 그래프와 모양이 같다는 뜻입니다.

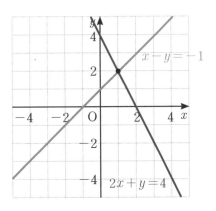

이제 $x-y=-1$는 $y=x+1$을 이용해 그래프를 그리고, $2x+y=4$는 $y=-2x+4$를 이용해 그래프를 그리면 위와 같아요.

신기한 사실. 두 그래프는 점 $(1,\ 2)$에서 만납니다. 이 점은 연립방정식의 해와 같아요. 즉 $x=1$, $y=2$가 연립방정식의 해입니다.

$x-y=-1$의 그래프 위의 점들은 모두 $x-y=-1$의 해이고, $2x+y=4$의 그래프 위의 점들은 모두 $2x+y=4$의 해입니다. 따라서, $x-y=-1$의 해와 $2x+y=4$의 해가 동시에 되는 점은 두 그래프가 만나는 점이 될 수밖에 없겠죠?

따라서 두 일차방정식의 그래프의 교점의 좌표가 $(p,\ q)$이면, 두 일차방정식으로 이루어진 연립방정식의 해는 $x=p$, $y=q$입니다.

어떤가요? 연립방정식을 그래프로 접근하니 '해'가 무엇을 의미하는지 눈에 딱 들어오지 않나요? 또한 그래프를 이용하면 가감법과 대입법보다 손쉽게 해를 구할 수도 있어요.

또한 연립방정식의 해가 없는 경우와 해가 무수히 많은 경우도 그래프로 바라보면 훨씬 쉽게 이해할 수 있습니다.

예를 들어 볼게요. 주어진 방정식 $\begin{cases} 2x+y=3 \\ 4x+2y=-4 \end{cases}$ 에서 각각 y를 x의 식으로 나타내면 다음과 같이 정리할 수 있습니다.

$$\begin{cases} y=-2x+3 \\ y=-2x-2 \end{cases}$$

이것들을 그래프로 그려 보면, 두 방정식의 그래프는 서로 평행하네요. 따라서 두 직선은 만나지 않으므로 주어진 연립방정식의 해는 없어요.

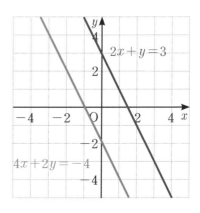

다른 예시도 볼까요? 주어진 방정식 $\begin{cases} 3x-y=1 \\ 6x-2y=2 \end{cases}$ 에서 각각 y를 x의 식으로 나타내면 다음과 같습니다.

$$\begin{cases} y=3x-1 \\ y=3x-1 \end{cases}$$

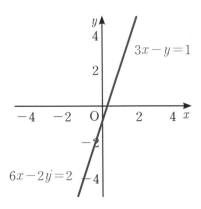

두 방정식의 그래프는 완전히 일치합니다. 두 직선의 교점이 무수히 많으므로 주어진 연립방정식의 해는 무수히 많아요.

결론적으로 연립방정식에서 두 일차방정식의 그래프가 ① 한 점에서 만나면 연립방정식의 해는 하나입니다. ② 평행하면 연립방정식의 해는 없고요. ③ 일치하면 연립방정식의 해는 무수히 많습니다.

그래프를 이용하여 다음 연립방정식을 풀어 보세요.

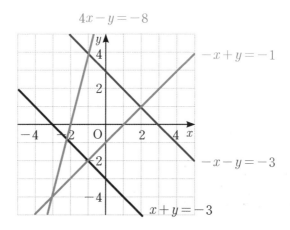

1. $\begin{cases} -x - y = -3 \\ -x + y = -1 \end{cases}$

2. $\begin{cases} 4x - y = -8 \\ -x - y = -3 \end{cases}$

3. $\begin{cases} -x + y = -1 \\ 4x - y = -8 \end{cases}$

4. $\begin{cases} x + y = -3 \\ -x - y = -3 \end{cases}$

정답과 풀이 237쪽

3

중3

과정

___

**빗살무늬토기 모양의
이차함수**

우리는 이미 2장에서 일차함수가 무엇인지 알아보고 왔습니다. 일차식은 $ax+b$의 꼴이고, x에 관한 일차함수는 $y=3x-6$처럼 $y=(x$에 관한 일차식) 형태잖아요.

이차함수도 마찬가지입니다.

x에 관한 이차함수는 $y=(x$에 관한 이차식) 형태예요. x에 관한 이차식은 x의 차수, 즉 곱해진 문자의 개수가 2개까지인 식이지요? 즉 ax^2+bx+c 꼴이에요.

따라서 함수 $y=f(x)$에서 $f(x)$가 x에 관한 이차식으로 나타내어질 때 이 함수를 x에 관한 이차함수라고 합니다.

$$y=ax^2+bx+c \ (a,\ b,\ c는 수,\ a \neq 0)$$

이차함수가 되기 위한 조건은 일차함수와 동일해요. $a \neq 0$이라는 조건이 있어야 한다고 했죠. $a=0$이면 ax^2은 사라지고 남는 식은

$bx + c$밖에 없으므로 이차식이 아니에요.

그러면 이차함수를 어떻게 찾을 수 있을까요? 예를 들어 설명할게요.

$y = (x+3)(x-1)$은 x^2이 없으니 이차함수가 아닐까요? 우변을 전개하면 이야기가 달라집니다.

$$y = (x+3)(x-1) = \underbrace{x^2}_{①} \underbrace{-x}_{②} \underbrace{+3x}_{③} \underbrace{-3}_{④} = x^2 + 2x - 3$$

전개해 보니 이차식이 나오므로, 이차함수가 맞아요.

한편 $y = x(x+3) - x^2$은 x^2이 있으니 이차함수처럼 보이지만, 풀어서 정리하면 결국 $y = -3x$이므로 이차함수가 아닌 일차함수입니다. 이처럼 이차함수를 찾을 때는 식을 전개 후 정리한 다음 판단해야 해요.

아참, $x^2 - 3x - 4 = 0$ 같은 식은 y가 없으므로 당연히 함수가 아닙니다. 그냥 방정식이에요.

함숫값을 표기하는 방법 또한 일차함수와 동일해요. 예를 들어 $y = x^2 - 2x - 3$에서 $x = 1$에서의 함숫값은 x의 자리에 1을 넣은 $y = 1^2 - 2 \times 1 - 3 = 1 - 2 - 3 = -4$예요. 따라서 $f(1) = -4$로 간단히 쓸 수 있어요. $f(x)$라는 표현은 모든 함수에 동일하게 적용됨을 기억하세요.

다음은 이차함수인가요? 맞으면 ○, 틀리면 ×를 쓰세요.
(이유도 생각해 보면 좋겠네요.)

1. $y = -x^2 + x(-3 + x)$

2. $y = (2 + x)(2 - x)$

3. $y = \dfrac{1}{x^2 - 2x + 3}$

정답과 풀이 **237쪽**

이차함수의 그래프는 왜 그렇게 생겼을까

· · · · ·

낯선 그래프의 모양에 익숙해져야 한다.

이차함수도 좌표평면 위에 그래프로 나타낼 수 있습니다. 일차함수를 다룬 2장을 읽을 때도 느꼈겠지만, 이차함수와 친해지기 위해서는 이차함수를 그래프로 바라볼 수 있어야 해요.

이차함수의 관계식은 $y = ax^2 + bx + c$ 입니다. a, b, c의 값에 따라 다양한 이차함수의 그래프가 만들어져요. a를 제외하고 b와 c는 0이 될 수도 있는데, 그에 따라 아주 다양한 관계식을 가져요. 다음과 같이 말이죠.

$$y = \frac{1}{3}x^2 \quad y = 2x^2 - 1 \quad y = x^2 + 4x \quad y = 3x^2 + 3x + 3$$

따라서 이차함수 그래프의 대표적이면서 일반적인 모양을 아는 것이 중요해요. 이차함수의 그래프는 과연 어떤 모양일까요? 가장 간단한 이차함수 $y = x^2$을 통해 살펴보도록 합시다.

정비례 관계의 그래프를 그릴 때와 같은 방식을 써 봅시다. 일단

x의 값에 정수를 넣어 볼까요? $x=0$이면 $y=0^2=0$, $x=1$이면 $y=1^2=1$, $x=-2$이면 $y=(-2)^2=(-2)\times(-2)=4$가 됩니다. 이렇게 넣다 보면 정수 n에 대하여, $x=n$이면 $y=n^2$이라는 값이 나온다는 사실을 알게 되어요. 결국 $y=x^2$은 $(n,\ n^2)$을 지납니다.

따라서 $(n,\ n^2)$을 포함하여 $y=x^2$이 지나는 점들을 좌표평면 위에 나타내면, 아래의 왼쪽 그림과 같아요. x의 값 사이의 간격을 점점 작게 하여 x의 값의 범위를 실수(유리수와 무리수를 통틀어 이르는 말) 전체로 하면 그래프는 오른쪽 그림과 같이 매끄러운 곡선이 됩니다. 어쩐지 빗살무늬토기와 비슷하게 생겼죠?

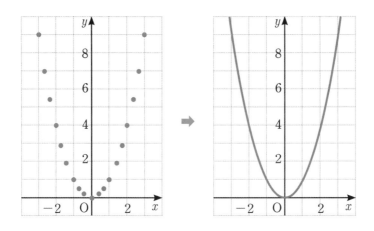

다른 이차함수들도 빗살무늬토기와 비슷한 형태를 가지고 있어요. 단지 빗살무늬토기 형태가 길쭉하거나 넓적하거나, 또는 뒤집혀 있지요. 또한 좌표평면에 그린 빗살무늬토기는 중간에 끊기지만, 이차함수는 실제로 끊기지 않고 y축 방향으로 무한히 뻗어 나갑니다. 축의 단위를 다르게 하여 이차함수 $y = x^2$을 표현하면 아래와 같거든요. 뾰족해도 빗살무늬토기입니다!

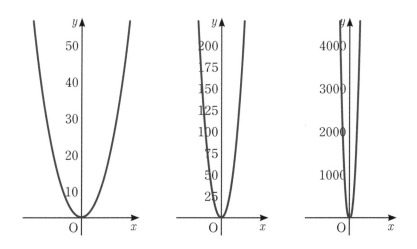

이차함수는 조금 낯선 느낌이 들 수밖에 없습니다. 직선으로 쭉 그으면 그만인 일차함수와 달리, 이차함수는 막상 직접 그리려면 모양을 가늠하기가 어렵잖아요. 이차함수의 좌표를 일일이 구해서 그려야 할 것 같은 느낌이 들기도 하고요.

이때 '알지오매스' 사이트를 이용하면 편합니다. 한국과학창의재단이 만든 수학 사이트인데, 메뉴에서 알지오 도구 → 알지오 2D를 선택하고 함수식을 입력하면 그래프를 손쉽게 볼 수 있어요. 이런 좋은 도구를 적극 활용하면 그래프가 어렵지 않게 느껴질 거예요.

이 사이트를 이용해 이차함수의 중요한 성질 하나를 알아봅시다.

이차함수 $y = 2x^2 - 1$과 $y = x^2 + 4x$를 알지오매스에 직접 입력하여 그려 보세요. (제곱은 ^ 기호를 이용해 입력하면 됩니다. 예를 들어 $2x^2$의 경우 $2x$^2라고 쓰면 돼요. ^는 쉬프트키를 누른 상태에서 숫자키 6을 누르면 나와요.) 그러면 다음과 같은 모양이 나옵니다.

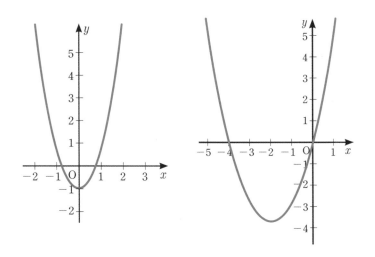

그래프를 잘 보기 위해 좌표축을 지워 보면, 둘 다 아래로 볼록하다는 걸 알 수 있어요.

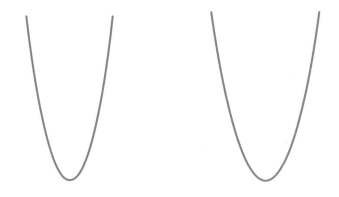

그런데 여기서 x^2의 계수에 음수를 붙이면 아주 재미있어져요. $y = -2x^2 - 1$과 $y = -x^2 + 4x$은 다음과 같이 모양은 똑같은데 위로 볼록한 그래프가 되거든요.

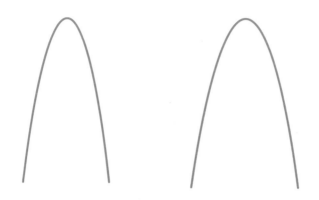

이를 통해 알 수 있는 사실은 다음과 같아요. $y = ax^2 + bx + c$의 그래프에서 a가 0보다 크면 그래프가 아래로 볼록하고, a가 0보다 작으면 위로 볼록이에요. 즉, a의 부호를 보면 그래프의 모양을 알 수 있습니다.

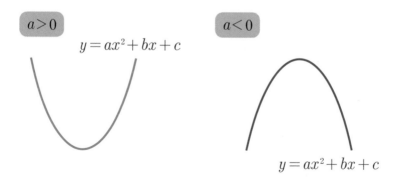

$y = ax^2 + bx + c$에서, 왜 b나 c가 아닌 a의 값이 그래프의 모양을 결정할까요? 직관적으로 생각해 봅시다. x가 커지면 x^2의 값은 어떻게 되죠? x가 2면 x^2은 4입니다. x가 2보다 조금 큰 6이 되면? x^2의 값은 4보다 훨씬 큰, 무려 36이 되죠. 이것이 제곱의 효과입니다. 이 효과는 x의 값이 커질수록 더 강력해져요. (x가 100이면 x^2은 무려 10,000이네요!) 그러므로 y의 값은 결국 x^2의 영향을 가장 크게 받을 수밖에 없어요.

다음 이차함수 중에서 그래프가 위로 볼록인 것과 아래로 볼록인 것을 구별해 봅시다.

1. $y = -4x^2$

2. $y = \dfrac{7}{2}x^2 - 5x$

3. $y = (2x - 1)(x + 1)$

4. $y = -3(x - 1)^2$

정답과 풀이 **238쪽**

포물선, 축, 꼭짓점

· · · · ·

중요한 건 이름이 아니라 의미와 특징이다.

이차함수를 배우면서 우리가 알아야 하는 용어들이 있어요. 바로 포물선, 축, 꼭짓점입니다.

중학교 3학년 학생 혹은 중학교 3학년 과정을 공부하는 학생이라면, 교과서 혹은 문제집에서 오른쪽 그림을 지겹게 봤을 거예요. 하지만 대개 각 부분의 이름을 외우는 데 그치지, 이게 무슨 의미고 왜 중요한지 곱씹어 본 적은 별로 없을 거예요. 차근차근 따라오세요.

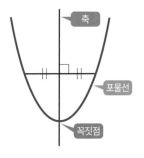

우선 포물선(抛物線)이란 물체를 던졌을 때 물체가 그리는 곡선이라는 뜻이에요(던질 포(抛)자를 씁니다). 바로 앞에서는 이해를 돕기 위해 빗살무늬토기 모양이라고 했지만, 중학교 수학에서 이차함수의 그래프와 같은 모양의 곡선을 칭하는 말은 포물선이에요. 사실 고등학교에서 배우게 될 포물선의 뜻은 조금 다른데, 아주 나

중의 일입니다. 중학교에서 배우는 이차함수에 집중합시다.

중학교에서 다루는 포물선의 중요한 특징은 선대칭도형이라는 데 있어요. 어떤 직선으로 접어서 완전히 겹치는 도형을 선대칭도형이라 하잖아요. 그리고 그 어떤 직선을 이차함수에서는 '축'이라고 부릅니다. 즉 "이 이차함수의 축이 무엇인가요?"라고 묻는 건 "이 이차함수가 어떤 직선에 대하여 대칭인가요?"를 묻는 것과 같죠. 그리고 중학교 함수에서는 축을 방정식으로 나타낼 줄도 알아야 해요. 이제 오른쪽 그림에 있는 '두 선분의 길이가 같다'라는 표시가 좀 다르게 보이나요?

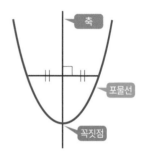

마지막으로 꼭짓점을 알아봅시다. 포물선과 축의 교점을 포물선의 꼭짓점이라고 해요.

이제 직접 이차함수의 축의 방정식과 꼭짓점을 구해 봅시다. $y = -\frac{1}{2}x(x-8)$의 그래프를 예시로 들어 볼게요.

보라색 선으로 표시된 축의 방정식은 $x=4$입니다(x가 무조건 4니까요). 그리고 포물선과 축이 만나는 점 A가 꼭짓점이에요.

정확한 꼭짓점의 좌표는 $y = -\frac{1}{2}x(x-8)$에 $x=4$를 대입해 구할 수 있어요. 계산해 보면 y좌표가 8임을 알아낼 수 있습니다. 따라서 꼭짓점 A의 좌표는 (4, 8)이에요.

여기서 뭘 알 수 있나요? 축의 방정식은 꼭짓점의 x좌표와 연결이 된다는 것이죠. 축의 방정식 $x=p$의 그래프는 꼭짓점을 지나기 때문에, 꼭짓점의 x좌표와 $x=p$에서의 p가 일치해야 해요. 따라서 축의 방정식은 '$x=$(꼭짓점의 x좌표)'입니다.

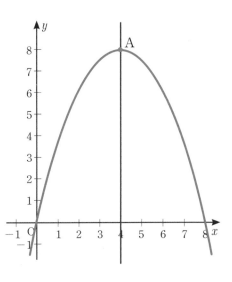

즉 꼭짓점의 좌표가 주어졌다면 축의 방정식을 쉽게 구할 수 있다는 뜻이지요.

그런데 이차함수가 축에 대칭이라는 사실은 어떻게 알 수 있을까요? $y=x^2$의 그래프에서 생각하면 쉬워요.

$y=x^2$에서 $y=4$가 되는 x의 값은 2와 -2예요. $y=4$일 때, x^2의 그래프는 y축을 기준으로 좌우로 똑같이 2만큼 떨어져 있다는 뜻입니다.

이건 어떤 부분을 찍어도 똑같아요. 증명해 봅시다.

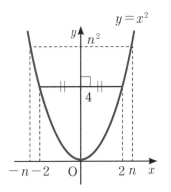

$x=n$이면 $y=n^2$이므로 $y=x^2$는 $(n,\ n^2)$을 지나고요.
$x=-n$이면 $y=(-n)\times(-n)=n^2$이므로 $y=x^2$는 $(-n,\ n^2)$을 지납니다. 즉, $x=n$일 때와 $x=-n$일 때 똑같이 y는 n^2이에요.

따라서 이차함수 $y=x^2$의 그래프는 y축에 대칭입니다. 즉, $y=x^2$의 축의 방정식은 $x=0(y$축)이 되는 것이죠.

다음 이차함수 그래프들은 이차함수식을 알 수 없습니다. 그래프만 보고, 꼭짓점과 축의 방정식을 구해 보세요.

1.

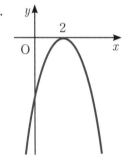

2.

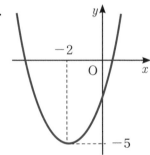

꼭짓점의 좌표 :　　　　　　　꼭짓점의 좌표 :

축의 방정식 :　　　　　　　　축의 방정식 :

정답과 풀이 **238**쪽

변화의 관점으로 본 이차함수

· · · · ·

이차함수와 일차함수의 결정적인 차이는 변화하는 양상이다.

이제 변화의 관점에서 이차함수를 바라봅시다.

$y = ax^2 + bx + c$에서 $a > 0$이면 아래로 볼록, $a < 0$이면 위로 볼록하다고 했죠. 꼭짓점을 기준으로 x가 왼쪽에 있을 때와 오른쪽에 있을 때, y의 값의 변화하는 모양새가 각각 달라요.

$a > 0$

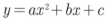

$$y = ax^2 + bx + c$$

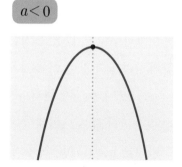

$a < 0$

$$y = ax^2 + bx + c$$

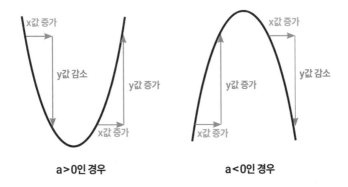

a>0인 경우   a<0인 경우

꼭짓점을 기준으로 오른쪽에서의 변화는 짐작한 대로 움직이지요. 그런데 꼭짓점을 기준으로 왼쪽, 즉 꼭짓점의 x좌표보다 x의 값이 작은 구간에서의 변화가 눈여겨볼 만해요. $a>0$의 경우, x의 값이 증가하는데 y의 값이 감소하잖아요. $a<0$의 경우, x의 값이 증가하면 y의 값도 증가합니다. 일차함수의 경우는 x의 값이 변할 때 y의 값이 변화하는 모양새가 항상 같았잖아요. 이차함수는 꼭짓점을 기준으로 감소했다가 증가, 또는 증가했다가 감소하네요.

이차함수의 또 다른 특징은 꼭짓점에서 멀어질수록 x의 값이 변함에 따라 y의 값이 더 빠르게 변한다는 거예요.

$y=ax^2+bx+c$에서 $a>0$이면, 꼭짓점에서 x의 값이 멀어짐에 따라 y의 값은 느리게 증가하다가 점점 빠르게 증가합니다.

반대로 $a<0$이면, 꼭짓점에서 x의 값이 멀어짐에 따라 y의 값은 느리게 감소하다가 점점 빠르게 감소하고요. 그래프의 모양만 봐도 알 수 있는 사실이에요.

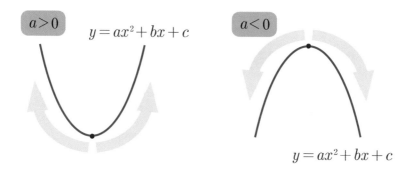

사실 간단한 계산으로도 설명이 충분히 가능합니다. $y = x^2$에서, x가 1씩 커질 때 y가 얼마씩 커지는지 보세요.

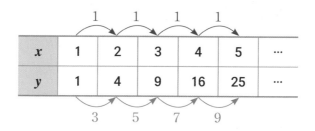

x는 고작 1씩 커지는데 y는 3, 5, 7, 9씩 '폭주'하면서 커지네요. 다시 말하지만, 이게 제곱의 힘입니다.

이차함수 그래프의 위치를 나타내는 방법

· · · · ·

포물선, 축, 꼭짓점 중 제일은 꼭짓점이다.

일차함수는 x축이나 y축과 만나는 지점을 중요하게 여겼습니다. 이걸 알면 일차함수 그래프의 위치를 알 수 있으니까요. 그렇다면 이차함수 그래프의 위치는 어떻게 나타낼 수 있을까요?

반지름이 3인 원이 좌표평면에 있습니다. 이 원의 위치를 어떻게 표현할 수 있을까요? 원의 모든 점의 좌표를 적어야 할까요? 불가능하죠. 그렇기에 원의 위치를 대표하는 하나의 점이 필요합니다. 그 점이 바로 원의 중심입니다. 즉 '중심이 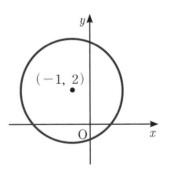 $(-1, 2)$인 원'이라고 하면 이 원이 어디에 있는지 알 수 있습니다. 반지름이 몇인지 아니까 직접 그릴 수도 있겠죠.

이차함수의 그래프도 마찬가지입니다. 그래프의 위치를 표현하기 위해 그래프 위의 모든 점의 좌표를 일일이 나열할 수는 없어요.

이차함수의 그래프를 대표할 수 있는 것이 무엇일까요?

이차함수는 축에 선대칭이고, 축과 이 차함수가 만나는 점은 딱 하나입니다. 이 점이 바로 꼭짓점이고, 모든 이차함 수는 꼭짓점을 가지고 있어요. 꼭짓점이 이차함수의 그래프를 대표하는 점이 될 수 있는 이유입니다.

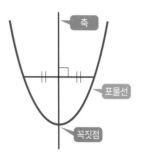

물론 이차함수 그래프의 꼭짓점만으로 모든 것이 결정되지는 않 아요. 위로 볼록한지 아래로 볼록한지도 생각해야 하고요. 폭이 어 떻게 되는지도 봐야 하죠. 그래도 이차함수 그래프의 꼭짓점을 알 게 된다면 이차함수의 80% 이상을 안 것과 다름없어요. 책을 읽다 보면, 꼭짓점을 안다는 것이 얼마나 중요한지 공감하게 될 거예요.

주어진 이차함수의 그래프를 대략적으로 그려 봅시다.

1. 아래로 볼록이며, 꼭짓점의 좌표가 (2, 3)인 이차함수

2. 위로 볼록이며, 꼭짓점의 좌표가 (−6, 1)인 이차함수

정답과 풀이 238쪽

이차함수의 최댓값과 최솟값

· · · · ·

꼭짓점으로 알 수 있다.

이차함수의 그래프는 위로 볼록하거나 아래로 볼록해요. 아래로 볼록하면 함숫값 중 가장 작은 것이 있을 것이고, 위로 볼록하면 함숫값 중 가장 큰 것이 있겠지요. 참고로 이 내용은 2022 개정 교육과정부터 적용되므로 2025년도에 중학교 1학년이 되는 학생들부터 배우게 돼요. 하지만, 이차함수를 다루는 이 책만의 새로운 흐름에 꼭 필요한 내용이니 반드시 이해합시다.

어떤 함수의 모든 함숫값 중에서 가장 큰 것을 그 함수의 '최댓값'이라 하고, 가장 작은 것을 그 함수의 '최솟값'이라고 합니다. 함숫값이니 당연히 $f(x)$, 즉 y의 값이겠죠?

일차함수는 무한히 뻗어 나가는 직선이니 최댓값과 최솟값이 없습니다.

하지만 이차함수는 달라요. 꼭짓점이 있잖아요.

이차함수 그래프의 꼭짓점을 (p, q)라 하고 살펴봅시다.

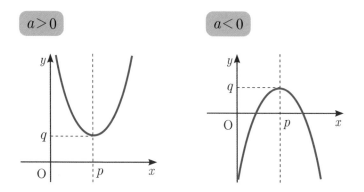

 $a>0$이면 아래로 볼록합니다. $x=p$일 때 최솟값은 q입니다. 최댓값은 없습니다.

 $a<0$이면 위로 볼록합니다. $x=p$일 때 최댓값은 q입니다. 최솟값은 없습니다.

 더 나아가 볼까요? 이차함수 그래프의 꼭짓점의 x좌표는 축의 방정식과 연결돼요. 한편 y좌표는 최댓값 또는 최솟값이 됩니다. 즉 이차함수 그래프의 꼭짓점의 좌표가 (p, q)면 축의 방정식은 $x=p$, 최댓값 또는 최솟값은 q입니다.

 최댓값과 최솟값, 그리고 꼭짓점 이야기를 더 해 봅시다. 만약 문제에서 '어떤 이차함수의 최댓값이 q이고~'라는 문장을 발견했어요. 이차함수에 최댓값이 존재하므로, 그래프의 모양이 위로 볼록하다는 것부터 알아챌 수 있어요. 그리고 꼭짓점의 y좌표는 물론 q겠지요?

구체적으로 예를 들어 봅시다. $x = 1$일 때 최솟값 -2를 갖는 이 차함수에서 알아낼 수 있는 정보를 다 찾아볼까요?

꼭짓점의 좌표는 $(1, -2)$입니다. 최솟값을 가지니 아래로 볼록이고, $y = ax^2 + bx + c$에서 a는 양수라는 사실을 알 수 있어요. 최솟값을 가지니 물론 최댓값은 없고요. $x = 1$이 축의 방정식이라는 사실까지 알아낼 수 있습니다.

한편 이차함수의 꼭짓점의 좌표가 $(-5, 7)$이고 위로 볼록이면, 여기서 알아낼 수 있는 사실이 무엇인가요? 축의 방정식은 $x = -5$이고, $x = -5$일 때 최댓값이 7이라는 사실이지요.

왜 꼭짓점을 그렇게 강조했는지 알겠지요? 꼭짓점에서 캐낼 수 있는 정보가 많네요.

잠깐 해 보기

주어진 이차함수의 꼭짓점의 좌표를 구하고, 이를 이용하여 이차함수의 그래프를 대략적으로 그려 보세요.

1. $x = 3$일 때 최댓값 2을 갖는 이차함수

2. $x = -2$일 때 최솟값 -5을 갖는 이차함수

정답과 풀이 **238쪽**

y=a(x-p)²+q의 꼭짓점의 좌표를 구하는 법

• • • • •

식에서 그대로 빼내면 된다.

이차함수 중에는 다음과 같은 식을 가지는 이차함수가 존재합니다. (단, $a \neq 0$)

$$y = a(x-p)^2 + q$$

우변이 x에 관한 이차식이므로 이차함수가 맞긴 한데… 만들기도 풀기도 힘든 모양새죠? 사실 이 식은 꼭짓점의 좌표와 밀접하게 연관이 있어서 매우 중요하게 다루어지는 형태의 식이에요.

구체적으로 이차함수 $y = 2(x-1)^2 + 3$을 통해 알아봅시다. 우변에 있는 $2(x-1)^2$부터 살펴보면, $(x-1)^2$ 안의 $x-1$은 x의 값에 따라 양수가 되기도 하고 음수가 되기도 해요. $x = 4$이면 $x - 1 = 3$이고, $x = 0$이면 $x - 1 = -1$인 식이죠.

하지만 결과적으로 이 값은 $(x-1)^2$으로 제곱이 되기 때문에 항상 0보다 크거나 같다는 점이 포인트입니다.

$$y = 2\underbrace{(x-1)^2}+3$$
항상 0보다 크거나 같다

이걸 부등식으로 표현하면 $2(x-1)^2 \geq 0$이 되겠죠? 여기에 양변에 3을 더하면 다음과 같은 부등식이 성립하지요.

$$2(x-1)^2+3 \geq 3$$

따라서 $y=2(x-1)^2+3$의 최솟값은 3이고, 이것이 정확히 꼭짓점의 y좌표입니다. 그리고 $y=3$이 되기 위한 x의 값은 $2(x-1)^2$을 0으로 만드는 수가 되어야 하겠죠? 바로 1이에요.

자, $y=2(x-1)^2+3$의 꼭짓점의 좌표를 알아냈습니다. (1, 3)입니다.

$(x-1)^2$이 가질 수 있는 값의 범위를 이용해 $y=2(x-1)^2+3$의 최솟값을 구하

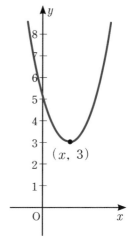

고, 이 최솟값을 이용하여 꼭짓점의 좌표를 구할 수 있었어요.

어떤가요? $y=a(x-p)^2+q$꼴의 식에서 p와 q만 쏙 빼내면 꼭짓점의 좌표가 나옵니다.

이 방식은 위로 볼록한 이차함수의 꼭짓점을 구하는 데도 그대로 적용 가능합니다. $y=-\dfrac{3}{4}(x+3)^2-2$를 예시로 살펴봐요. 부호

만 바꿔 생각하면 됩니다.

제곱하면 무조건 0보다 크거나 같다고 했죠? 즉 $(x+3)$의 값에 관계없이 $(x+3)^2$은 0 또는 양수고, 당연히 $\frac{3}{4}(x+3)^2$도 0보다 크거나 같습니다. 여기에 음의 부호$(-)$가 붙으면 $-\frac{3}{4}(x+3)^2$은 무조건 0보다 작거나 같으므로, $-\frac{3}{4}(x+3)^2 \leq 0$이라는 부등식이 성립하죠.

부등식의 양변에 -2를 더하면 $-\frac{3}{4}(x+3)^2 - 2 \leq -2$라는 부등식이 성립합니다.

따라서 $y = -\frac{3}{4}(x+3)^2 - 2$는 최댓값 -2를 가져요.

$-\frac{3}{4}(x+3)^2 = 0$이 되기 위한 x값은 -3이므로, 꼭짓점의 좌표는 $(-3, -2)$입니다.

$$y = -\frac{3}{4}(x+3)^2 - 2$$

항상 0보다 작거나 같다

즉, 어떤 경우든 $y = a(x-p)^2 + q$의 꼭짓점의 좌표는 (p, q)라는 결론을 내릴 수가 있습니다. $a(x-p)^2 = 0$일 때 최솟값 또는 최댓값 q를 가지고, $a(x-p)^2=0$인 x는 p이기 때문이죠. 그리고 a의 부호에 따라 이것이 최솟값인지 최댓값인지 알 수가 있지요. 반대로 생각하면 꼭짓점의 좌표가 (p, q)인 이차함수의 관계식은 $y=a(x-p)^2+q$가 된다는 것도 자연스레 알 수 있네요.

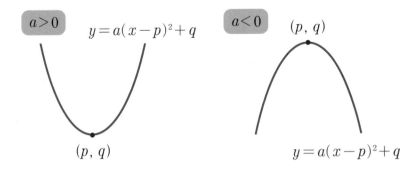

그런데 이차함수 $y=-2(6-3x)^2-5$의 꼭짓점의 좌표는 어떨까요? 이차함수를 이미 배운 친구들도 당황스러울 거예요. 이런 이차함수는 본 적이 없기 때문이죠. 원리와 개념을 이해하지 않고 그냥 외웠다면 더욱 막막할 겁니다.

지금까지 찾던 게 뭐였죠? 최솟값 혹은 최댓값이었습니다. 이 걸 찾기 위해 '괄호를 0으로 만드는 x의 값'을 찾은 거고요. 따라서 이 경우도 $-2(6-3x)^2=0$이 되는 x의 값을 찾아봅시다. $6-3x=0$인 x는 2입니다. 그리고 $-2(6-3x)^2$이 0일 때 최댓값 -5를 가져요. (a가 -2이므로 위로 볼록하기 때문에 최댓값을 가져요.) 따라서 꼭짓점의 좌표는 $(2, -5)$입니다.

그러니까 제곱이 붙은 괄호 안이 $x - p$ 형태가 아니어도, 제곱으로 묶인 괄호가 0일 때 이차함수가 최댓값 또는 최솟값을 가진다는 사실만 머리에 담고 있으면 되겠지요? $y = a(x - p)^2 + q$에서 p가 0이거나 q가 0인 경우에도 똑같이 정리하면 돼요. $y = 7(x + 2)^2$의 꼭짓점의 좌표는 $(-2, 0)$이고요. $y = -333x^2 + 19$의 꼭짓점의 좌표는 $(0, 19)$입니다.

이 장의 결론. 'x가 어떤 값을 가져야 함숫값이 최댓값 혹은 최솟값을 가질까?'를 생각하세요. 식의 형태 자체보다는, 식이 나에게 말하고자 하는 것에 주목하면 저절로 보일 거예요.

주어진 이차함수의 꼭짓점의 좌표를 구하고, 이를 이용하여 이차함수의 그래프를 대략적으로 그려 봅시다.

1. $y = 3(x + 19)^2 + 17$　　　2. $y = -2x^2 - 6$

3. $y = -\dfrac{2}{5}(x - 4)^2$　　　4. $y = 9 + 0.7(5x + 3)^2$

정답과 풀이 **239쪽**

이차함수 그래프의 폭에 대하여 1

. . . . .

a가 커지면 폭이 좁아지는 이유를 알아보자.

하나의 이차함수를 결정하는 요소는 첫 번째로 꼭짓점이고, 두 번째로 볼록한 방향이에요.

그렇다면 질문. 꼭짓점이 (2, 1)이면서 아래로 볼록인 이차함수는 오직 하나만 존재할까요? 결론부터 말하면 그렇지 않습니다. 꼭짓점이 (2, 1)이면서 아래로 볼록인 이차함수는 이처럼 많으니까요.

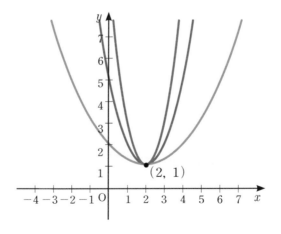

하나의 이차함수를 결정하는 마지막 요소, 바로 그래프의 폭입니다.

꼭짓점이 $(2, 1)$인 이차함수식은 $y = a(x-2)^2 + 1$이므로 a의 값에 따라 여러 모양이 나올 수 있겠네요. 그렇다면 a의 값이 그래프의 폭과 관련이 있는 것은 아닐까요? 이 의심이 사실인지 알아봅시다.

우리는 이미 $y = x^2$의 그래프를 알고 있으니, 이를 이용하여 $y = 2x^2$의 그래프를 그릴 수 있어요. 식을 조금 변형해 생각하면 됩니다.

$2x = 2 \times x^2$이고, 곱셈의 교환법칙을 적용해 슬쩍 바꿔 써 보면 $2 \times x^2 = x^2 \times 2$가 됩니다. 이걸 함수식에 적용해 쓰면 $y = x^2 \times 2$라는 식을 얻을 수 있습니다.

무엇을 알 수 있나요? y는 x^2의 2배입니다. 즉, $y = 2x^2$의 함숫값은 $y = x^2$보다 항상 2배 큽니다.

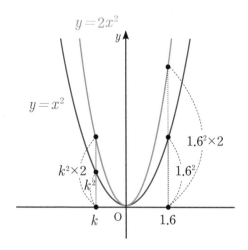

이걸 알았으니 이제 $y=2x^2$의 그래프를 그릴 수 있어요. $y=x^2$의 그래프의 각 점을 y축의 양의 방향으로 2배하여 그리면 되겠네요.

이것을 일반화해 이야기해 볼까요? $a>0$일 때 $ax^2=x^2\times a$이므로, $y=ax^2$의 그래프는 $y=x^2$의 그래프의 각 점을 y축의 양의 방향으로 a배 하여 그리면 됩니다. 만약 $a<0$이라면, $y=-x^2$의 그래프의 각 점을 y축의 음의 방향으로 a배 하여 그리면 되겠고요.

여기서 중요한 건 a의 값의 크기입니다. $y=2x^2$에서 a의 값인 2는 그래프의 폭에 어떤 영향을 끼쳤나요? $y=x^2$의 그래프보다 더 좁아졌습니다.

$y=ax^2$에서 a의 값이 -2, -1, $-\dfrac{1}{2}$, $\dfrac{1}{2}$, 1, 2일 때, 그 그래프를 좌표평면 위에 모두 나타내면 오른쪽 그림과 같습니다. a의 절댓값이 클수록 그래프의 폭이 좁아지고, a의 절댓값이 작을수록 그래프의 폭이 넓어지는 걸 볼 수 있어요.

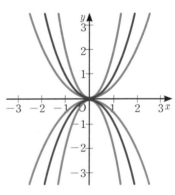

그래프의 폭이 좁아진다

$y=4x^2$	$y=2x^2$	$y=x^2$	$y=\dfrac{1}{2}x^2$
$y=-4x^2$	$y=-2x^2$	$y=-x^2$	$y=-\dfrac{1}{2}x^2$

그래프의 폭이 넓어진다

역시 x^2의 계수인 a와, 그래프의 폭은 관련이 있었습니다.

182쪽에 있는 그래프를 다시 보면서 생각해 봅시다. a의 값이 작은 순서대로 나열하면 어떻게 될까요? 노란색 - 파란색 - 초록색 그래프 순이겠습니다. 폭이 가장 넓은 노란색 그래프가 가장 작은 a의 값을 가지고, 폭이 가장 좁은 초록색 그래프의 a의 값이 가장 커요.

다양한 이차함수가 있습니다.

1. $y = 5x^2$

2. $y = -\dfrac{1}{3}x^2$

3. $y = -5x^2$

4. $y = \dfrac{4}{3}x^2$

5. $y = \dfrac{3}{4}x^2$

6. $y = -2x^2$

그래프의 폭이 좁은 순서대로 번호를 쓰세요.

정답과 풀이 **239쪽**

이차함수 그래프의 폭에 대하여 2

· · · · ·

두 그래프의 폭이 같으면 둘은 합동이다.

$y = ax^2$의 그래프와 $y = a(x-p)^2 + q$의 그래프의 폭은 같을까요, 다를까요?

우리가 지금까지 다룬 것은 $y = ax^2$의 그래프의 폭입니다.

$y = a(x-p)^2 + q$와 $y = ax^2$의 그래프의 폭이 서로 어떤 연관이 있는지는 다루지 않았죠.

사실 이차함수를 조금이라도 배운 친구들, 혹은 이 책을 보며 함수에 대한 감각을 키운 친구들은 이렇게 생각할 거예요. '뭐, 똑같겠지. a가 같잖아?'

교과서에서는 다음과 같이 알려 줘요. $y = ax^2$의 그래프에 대하여 x축의 방향으로 p만큼, y축의 방향으로 q만큼 평행이동하면 $y = a(x-p)^2 + q$라고 합니다. 그리고 그 근거로 함수식에 값을 일일이 넣어서 평행이동이 가능함을 보여 주고요.

하지만 이걸 바로 받아들이기란 쉽지 않습니다. 곡선을 다루다 보면 이 내용을 정말 모든 그래프에 적용할 수 있을지 의심이 들기

마련이죠.

그래서 이 책에서는 특별히, 기울기를 이용해 두 함수 $y=ax^2$와 $y=a(x-p)^2+q$의 그래프의 폭이 같음을 보여 주려 합니다.

우선 일차함수에서 기울기 $a=\dfrac{(y\text{의 값의 변화량})}{(x\text{의 값의 변화량})}$이라고 했죠. 이걸 이차함수에 적용해 보는 거예요. 꼭짓점을 기준으로 x의 값의 변화량이 1일 때 y의 값의 변화량을 생각해 계산해 볼까요?

$y=2x^2$은 $(1, 2)$를 지나므로, $\dfrac{(y\text{의 값의 변화량})}{(x\text{의 값의 변화량})}=\dfrac{2}{1}=2$입니다.

이를 일반화해 생각해 볼까요? $y=ax^2$은 $(1, a)$을 지나므로, $\dfrac{(y\text{의 값의 변화량})}{(x\text{의 값의 변화량})}=\dfrac{a}{1}=a$이 되겠습니다.

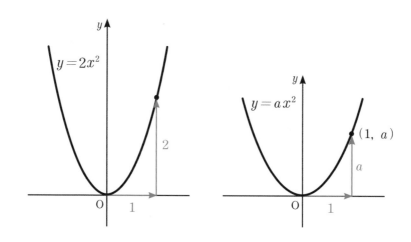

즉, $y=ax^2$에서 꼭짓점을 기준으로 x의 값이 1만큼 변화할 때

y의 값의 변화량은 a가 됩니다. 따라서 이 a를 지금부터 '이차함수의 폭의 기울기'라고 할게요. 자, 이차함수 $y=ax^2$의 폭의 기울기는 a입니다.

일차함수의 기울기는 기울어진 정도를 수로 나타낸 것이었잖아요. 마찬가지로 이차함수의 폭의 기울기는 폭이 좁아지는 정도를 수로 나타낸 것입니다. 참고로 이 책에서만 쓰이는 용어이니 주의하세요. 이차함수의 폭을 변화의 관점에서 바라보기 위한 도구예요.

이 도구를 이용해 폭을 비교하려면 꼭짓점을 기준으로 x의 값이 1만큼 변화할 때, y의 값의 변화량이 얼마인지로 판단하면 됩니다. 아주 간단하죠.

이제 $y=a(x-p)^2+q$의 그래프의 폭이 어떨지 살펴봅시다. 예시로 $y=2(x-3)^2+5$의 그래프를 그려 볼까요? 꼭짓점의 좌표가 (3, 5)이면서 아래로 볼록인 그래프입니다.

꼭짓점에서 x의 값이 1만큼 변한 지점의 x좌표는 4입니다. 따라서 함수식에 $x=4$를 대입하면 $f(4)=2(4-3)^2+5$이므로, y의 값은 7이지요.

따라서, 꼭짓점 (3, 5)에서 (4, 7)까지의 'y의 값의 변화량'은 2입니다. $y=2(x-3)^2+5$의 폭의 기울기는 2가 되겠네요. $y=2(x-3)^2+5$에서 $(x-3)^2$ 앞에 있는 2와 같음을 알 수 있어요.

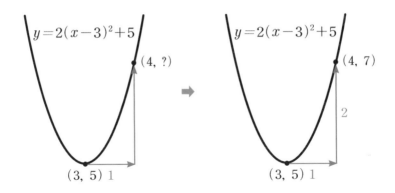

그런데 우리는 $y=2x^2$의 폭의 기울기가 2임을 이미 압니다. $y=2(x-3)^2+5$의 폭의 기울기도 2이므로, 결국 $y=2x^2$와 $y=2(x-3)^2+5$의 그래프의 폭은 똑같네요.

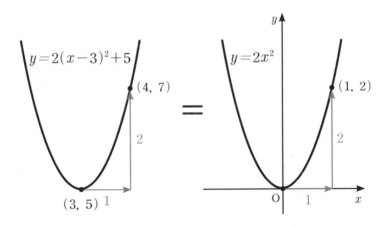

이것을 일반화해 볼까요? $a > 0$일 때 $y = a(x-p)^2 + q$의 그래프를 그려 보면, 꼭짓점의 좌표가 (p, q)이면서 아래로 볼록인 그래프입니다. 꼭짓점을 기준으로 x의 값이 1만큼 변화할 때, y의 값의 변화량을 알아보면 되겠네요.

x의 값이 1만큼 변화했을 때의 x좌표는 $p+1$이고, 이때 y좌표는 $x = p+1$을 대입해 계산하면 됩니다.

$y = a(p+1-p)^2 + q = a \times 1^2 + q = a + q$입니다.

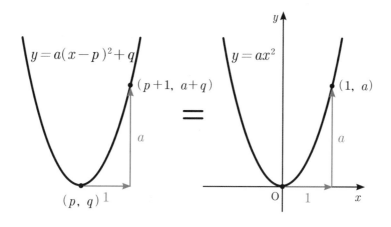

따라서 꼭짓점 (p, q)에서 $(p+1, a+q)$까지의 y의 값의 변화량은 a입니다.

즉, $y = a(x-p)^2 + q$의 폭의 기울기는 a가 되네요. 그런데 $y = ax^2$의 폭의 기울기도 a예요. 따라서 $y = ax^2$의 그래프와 $y = a(x-p)^2 + q$의 그래프의 폭은 같습니다.

지금까지 알아낸 사실은 무엇인가요? 첫째, $y = ax^2$의 그래프와 $y = a(x - p)^2 + q$의 그래프는 폭이 같아요(꼭짓점의 위치만 다를 뿐). 둘째, 이게 사실 핵심이에요. 두 그래프는 모양이 완전히 같아요. 그렇다면 평행이동으로 두 그래프의 관계를 설명할 수 있게 됩니다.

다음은 주어진 이차함수식 4개를 좌표평면 위에 그래프로 나타낸 것입니다. 이차함수의 폭의 기울기를 이용하여 이차함수식과 그래프를 짝지어 보세요.

1. $y = (x+m)^2 + a$ _____   2. $y = 2(x-t)^2 + h$ _____

3. $y = -\dfrac{1}{2}(x+l)^2 - o$ _____   4. $y = -3(x-v)^2 - e$ _____

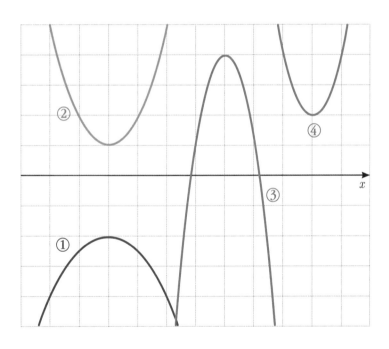

이차함수 y=ax²의 그래프를 평행이동하는 방법

· · · · ·

꼭짓점의 이동을 기준으로 삼으면 된다.

바로 앞에서 우리는 이차함수의 그래프를 평행이동할 근거를 얻고 왔어요. $y = ax^2$의 그래프와 $y = a(x-p)^2 + q$의 그래프는 꼭짓점만 다를 뿐, 두 그래프는 서로 모양이 같지요. 그렇다면 이를 거꾸로 생각해 볼까요? $y = ax^2$의 그래프를 평행이동하면 $y = a(x-p)^2 + q$ 꼴의 그래프가 된다는 사실을 알 수 있어요. 이제 알아야 할 것은, 어느 방향으로 얼마나 이동하는지, 그리고 무엇을 이용해야 하는지입니다.

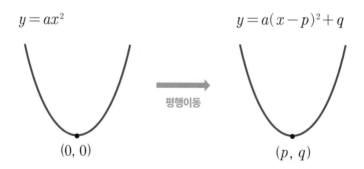

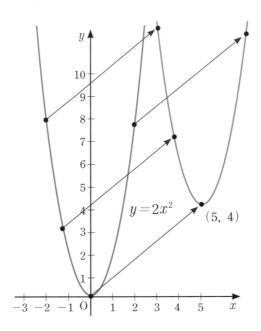

이차함수 $y = 2x^2$의 그래프를 위의 그림과 같이 꼭짓점이 (5, 4)인 지점으로 평행이동을 해 봅시다. 이렇게 사선으로 평행이동한 그래프의 식은 어떻게 구할 수 있을까요?

가장 중요한 것은 꼭짓점의 위치라고 했지요? $y = 2x^2$의 그래프의 꼭짓점의 좌표는 (0, 0)이고, 사선으로 평행이동한 그래프의 꼭짓점의 좌표는 (5, 4)입니다.

그런데 우리는 꼭짓점의 좌표가 (5, 4)인 이차함수의 관계식은 $y = a(x-5)^2 + 4$임을 이미 보고 왔지요. 또한 $y = 2x^2$을 평행이동했으니 모양이 완전히 같겠죠?

즉, $y = 2x^2$와 $y = a(x-5)^2 + 4$는 서로 폭이 같아요. 따라서

$a=2$가 돼요. 그러므로 평행이동한 그래프의 식은 최종적으로 $y=2(x-5)^2+4$입니다.

다른 이차함수도 평행이동해 볼까요? $y=-\dfrac{1}{2}x^2$의 그래프를 사선으로 평행이동했더니, 꼭짓점의 좌표가 $(-5,\ 2)$가 되었다고 해 봅시다.

이 이차함수는 $y=-\dfrac{1}{2}x^2$와 폭이 같으니, $y=-\dfrac{1}{2}(x+5)^2+2$ 가 돼요.

꼭짓점의 좌표를 이용하면 일이 쉬워요. 사선으로 평행이동한 그래프는 다음 그림과 같이 x축의 방향으로 평행이동한 후, y축의 방향으로 평행이동하여 생각할 수 있어요. 물론 y축의 방향으로 먼저 평행이동한 후 x축의 방향으로 평행이동해도 상관은 없겠죠.

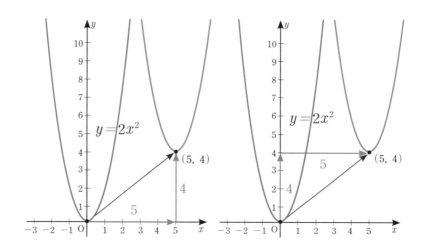

195

따라서 $y = 2x^2$의 그래프를 x축의 방향으로 5만큼, y축의 방향으로 4만큼 평행이동하면 $y = 2(x-5)^2 + 4$의 그래프가 됩니다.

이것을 일반화해 봅시다. 이차함수 $y = ax^2$의 그래프를 x축의 방향으로 p만큼, y축의 방향으로 q만큼 평행이동한 그래프의 관계식을 구해 볼까요? 꼭짓점의 좌표가 $(0, 0)$에서 (p, q)가 되었으므로, 평행이동한 그래프의 식은 $y = a(x-p)^2 + q$입니다.

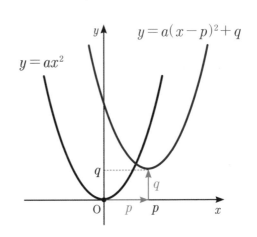

이것을 도식화하면 다음과 같아요.

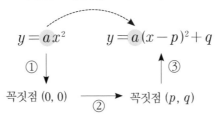

x축의 방향으로 p만큼, y축의 방향으로 q만큼 평행이동

① 원래 함수에서 꼭짓점을 찾는다.
② 평행이동한 이차함수의 꼭짓점을 찾는다.
③ 평행이동한 이차함수의 관계식을 만든다.

교과서나 문제집에서 본 내용과 같지만, 왜 그렇게 되는지 이제
는 완전히 납득했으리라 믿어요.

그런데 꼭짓점의 좌표가 (0, 0)이 아닌 이차함수는 어떻게 평행
이동시켜야 할까요? 이때도 해답은 꼭짓점의 좌표예요.

$y = \frac{3}{5}(x+2)^2 - 1$을 x축의 방향으로 -3만큼, y축의 방향으로
5만큼 평행이동시켜 봅시다. 우선 a가 양수라 아래로 볼록이므로
$\frac{3}{5}(x+2)^2 = 0$일 때의 최솟값이 -1이에요.

따라서 $y = \frac{3}{5}(x+2)^2 - 1$의 꼭짓점은 $(-2, -1)$입니다. 꼭짓
점을 구했다면 다 구한 거나 마찬가지죠? ② → ③의 순서로 진행하
면 됩니다.

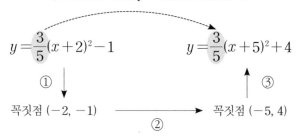

x축의 방향으로 -3만큼, y축의 방향으로 5만큼 평행이동

이렇게 살펴보고 나니, $y = 3x^2$의 그래프를 x축의 방향으로 2
만큼 평행이동하면 왜 $y = 3(x-2)^2$가 되는지 알겠지요? x축의 방
향으로 2만큼 평행이동하면, 꼭짓점의 좌표는 (2, 0)이에요. 제곱
으로 묶인 괄호를 0으로 만드는 x의 값이 2라는 뜻이죠. 즉, $x = 2$

일 때 괄호가 0이 됩니다. 그러기 위해서는 괄호 안은 $x+2$가 아닌 $x-2$가 되어야 하잖아요. 혹시 'x가 2만큼 커졌으니, x 대신 $x+2$를 넣은 $y=3(x+2)^2$가 되는 게 맞지 않아?' 하는 의문을 가져 왔나요? 이제는 그게 아니라는 사실을 이해했을 거라 믿어요.

직접 해 보기

$y=-\dfrac{4}{3}x^2$의 그래프가 있습니다.

1. x축의 방향으로 -3만큼, y축의 방향으로 4만큼 평행이동한 그래프의 관계식을 구하세요.

2. x축의 방향으로 -2만큼 평행이동한 그래프의 관계식을 구하세요.

3. 1의 그래프가 2의 그래프가 되려면, 어떻게 평행이동해야 할까요?

정답과 풀이 **240쪽**

이차함수 y=ax²+bx+c의 그래프는 어떻게 그릴까

· · · · ·

또, 꼭짓점.

앞서 다양한 이차함수의 그래프를 그리고 왔어요. 하지만 아직 $y = 2x^2 - 4x + 5$와 같은 형태의 이차함수의 그래프를 다루지 않았잖아요. $y = ax^2 + bx + c$와 같이 우변이 일반적인 이차식인 경우에는 그래프를 어떻게 그릴 수 있을까요?

그 답은 또 꼭짓점에 있습니다. 모든 이차함수는 꼭짓점이 있어요. $y = ax^2 + bx + c$ 형태의 이차함수도 당연히 꼭짓점이 있습니다. 이 사실을 기억하고 읽어 내려갑시다.

$y = ax^2 + bx + c$의 그래프가 200쪽 그림과 같습니다. 그림을 보면서 읽어 나가세요.

이 이차함수의 꼭짓점은 $(-5, 4)$이지요.

앗, 꼭짓점의 좌표가 $(-5, 4)$인 이차함수의 관계식을 구하는 법을 우리는 이미 알고 있잖아요.

$$y = a(x+5)^2 + 4$$

결국 $y = ax^2 + bx + c$는 $y = a(x+5)^2 + 4$와 같은 함수예요. $y = ax^2 + bx + c$를 $y = a(x+5)^2 + 4$의 꼴로 바꿀 수 있다는 뜻이에요.

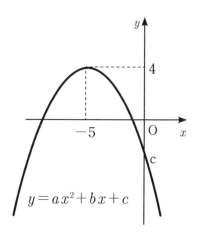

정리해 봅시다.

첫째, $y = ax^2 + bx + c$의 그래프를 그리려면 관계식을 $y = a(x-p)^2 + q$의 꼴로 고치면 됩니다.

둘째, $x = 0$일 때 $y = c$이므로 이 그래프는 점 $(0, c)$를 지납니다. 즉, y절편이 c가 돼요.

셋째, x^2 앞에 붙은 a의 부호에 대한 이야기입니다. $a > 0$이면 아래로 볼록하고, $a < 0$이면 위로 볼록하지요.

교과서나 문제집에서는 $y = ax^2 + bx + c$의 식을 제시한 후, 이걸 $y = a(x-p)^2 + q$의 꼴로 고치는 과정을 보여주며 따라 하라고 해요. 하지만 제대로 납득하려면 왜 이렇게 고치는지 그 이유를 알아야 해요.

기억하세요. 우리가 우변을 고치는 이유는, 모든 이차함수는 꼭짓점을 가지기 때문이고 이 꼭짓점을 찾아내기 위함입니다.

마지막으로 $y = ax^2 + bx + c$의 그래프의 폭을 생각해 볼게요. $y = ax^2$의 그래프와 $y = a(x-p)^2 + q$의 그래프는 폭이 같다고 했잖아요. $y = ax^2 + bx + c$의 그래프 역시 마찬가지입니다. $y = ax^2$의 그래프와 폭도 같고, 모양도 같아요. x^2의 계수만 같다면, 모두 같은 모양의 그래프가 되는 것이죠. 예를 들어 $y = 3x^2$, $y = 3(x-p)^2 + q$, $y = 3x^2 + bx + c$의 그래프는 모두 폭의 기울기가 3으로 같아요. 모양이 완전히 같다는 뜻이죠.

$y = -2x^2 + bx + c$의 그래프의 꼭짓점의 좌표가 다음과 같을 때, $y = a(x-p)^2 + q$의 꼴로 고쳐 보세요.

1. 꼭짓점의 좌표 $(6, 3)$

2. 꼭짓점의 좌표 $(-1, -7)$

정답과 풀이 **240쪽**

꼭짓점의 좌표 구하기 1
y=x²+bx+c
· · · · ·
골치 아픈 인수분해를 쉽게 하는 공식은 '절반의 제곱'이다.

$y = ax^2 + bx + c$를 $y = a(x-p)^2 + q$로 바꿔 봅시다.

$y = x^2 - 4x + 7$처럼 a가 1인 $y = x^2 + bx + c$ 형태부터 다뤄 볼게요. a가 1이니 $y = (x-p)^2 + q$의 꼴로 바꾸면 됩니다.

이때 필요한 개념이, 인수분해를 통해 완전제곱식을 만드는 방법이에요.

$$x^2 + 2kx^2 + k^2 = (x+k)^2 \qquad x^2 - 2kx^2 + k^2 = (x-k)^2$$

절반의 제곱 　　　　　　　　　 절반의 제곱

이를 이용하여 이차함수 $y = x^2 - 4x + 7$을 바꿔 볼까요?

STEP 1. $x^2 - 4x$까지만 쓴다.
$$y = x^2 - 4x + 7 = x^2 - 4x$$

STEP 2. 4의 절반인 2의 제곱, 4를 더한다.

$$y = x^2 - 4x + 7 = x^2 - 4x + 4$$

절반인 2의 제곱

STEP 3. 등식이 성립하기 위해, 4에 더하거나 빼서 7이 되는
수를 찾아 뒤에 쓴다.

$$y = x^2 - 4x + 7 = x^2 - 4x + 4 + 3$$

더해서 7이 되는 수를 찾자

STEP 4. 완전제곱식을 만든다.

$$y = x^2 - 4x + 7 = x^2 - 4x + 4 + 3 = (x-2)^2 + 3$$

STEP 1~4의 과정을 한꺼번에 표현하면 다음과 같아요.

❶ 절반인 2의 제곱

$$y = x^2 - 4x + 7 = x^2 - 4x + 4 + 3 = (x-2)^2 + 3$$

❷ 더해서 7이 되는 수를 찾자

교과서에서는 그냥 4라는 수를 찾았으면 다시 빼서 7과 연산을
하는 방법을 소개해요. 그러니까 $+4-4+7$로 쓰라는 식이죠. 하
지만 경험해 보니, 많은 친구들이 이 방법을 더 간단하고 쉽게 여기
더라고요.

이제 $y=x^2-4x+7$의 그래프를 그려 볼까요? 앞에서 찾은 $y=(x-2)^2+3$이라는 식을 이용하면 돼요. 아래로 볼록이고, 꼭짓점의 좌표가 (2, 3)인 그래프입니다. 또한 y절편은 7입니다. $y=x^2$의 그래프를 x축의 방향으로 2만큼, y축의 방향으로 3만큼 평행이동한 그래프이기도 해요.

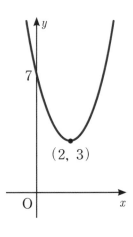

이차함수 $y=x^2+2x-3$도 $y=(x-p)^2+q$의 꼴로 고쳐 볼까요?

❶ 절반의 제곱

$$y=x^2+2x-3=x^2+2x+1-4=(x+1)^2-4$$

❷ 빼서 -3이 되는 수를 찾자

만약 상수항이 없으면 어떻게 해야 할까요? 똑같습니다. x의 계수의 절반의 제곱을 만들어 주면 돼요. $y=x^2-10x$를 예로 들어 볼게요.

❶ 절반의 제곱

$$y=x^2-10x+0=x^2-10x+25-25=(x-5)^2-25$$

❷ 빼서 0이 되는 수를 찾자

204

만약 $y = x^2 + c$같이 bx가 없으면 인수분해를 어떻게 하죠? 질문이 잘못되었습니다. 인수분해를 할 필요가 없겠죠. 꼭짓점의 좌표가 $(0, c)$일 테니까요.

잊지 마세요. 인수분해를 하는 이유는 꼭짓점의 좌표를 찾기 위해서입니다.

$y = x^2 + 6x + 12$에 대하여, 순서대로 다음을 구해 봅시다.

1. $y = a(x - p)^2 + q$의 꼴의 이차함수식

2. 꼭짓점의 좌표

3. y절편

정답과 풀이 | **240쪽**

꼭짓점의 좌표 구하기 2
$y=\dfrac{1}{n}x^2+bx+c$

· · · · ·

관계식을 다룰 때, 꼭 분수의 형태를 유지할 필요는 없다.

이번엔 $y=-\dfrac{1}{2}x^2+2x-5$과 같이, x^2의 계수가 분수 $\dfrac{1}{n}$꼴인 $y=\dfrac{1}{n}x^2+bx+c$의 꼴을 다뤄 봅시다. 많은 친구들이 특히 어려워하는 부분이지요.

교과서에서는 $-\dfrac{1}{2}$로 묶어 준 후 완전제곱식을 만듭니다.

$$
\begin{aligned}
y&=-\frac{1}{2}x^2+2x-5=-\frac{1}{2}(x^2-4x)-5\\
&=-\frac{1}{2}(x^2-4x+4-4)-5\\
&=-\frac{1}{2}(x^2-4x+4)+(-\frac{1}{2})\times(-4)-5\\
&=-\frac{1}{2}(x-2)^2-3
\end{aligned}
$$

왜 다들 이걸 어려워할까요? 일단 많은 친구들이 분수 알레르기가 있어요. 계산을 복잡하게 만드는 주범이 분수거든요. 게다가 괄호로 묶는 과정에서 기호가 바뀌는 것도 고려해야 하니 골치가 아플 수밖에요.

이럴 때 생각의 전환이 필요해요. 많은 친구들이 함수는 무조건 $y = \sim$ 형태여야 한다고 생각하지요? 왜냐하면 교과서나 문제집에서 그렇게 쓰고 있으니까요. 그게 맞긴 합니다. 하지만 식을 정리하는 '과정'에서는 굳이 그럴 필요가 있을까요?

자, $-\dfrac{1}{2}$로 묶는 대신 양변에 -2를 곱해 봅시다. 목적은 거슬리는 분수 없애기예요.

$$-2y = x^2 - 4x + 10$$

x^2의 앞을 1로 만들었더니, 완전제곱식을 만들기가 쉬워졌어요. 이제 '절반의 제곱'을 이용하면 되겠네요.

❶ 절반의 제곱

$$-2y = x^2 - 4x + 10 = x^2 - 4x + 4 + 6 = (x-2)^2 + 6$$

❷ 더해서 10이 되는 수를 찾자

이제 함수 $y = \sim$ 형태로 바꾸기 위해 양변에 $-\dfrac{1}{2}$을 곱합니다.

$$y = -\frac{1}{2}(x-2)^2 - 3$$

이 방법은 교과서나 문제집에 있는 일반적인 방법과 달라요. 이 책에서만 만날 수 있습니다.

여기서 조심해야 할 부분이 있어요. $(x-2)^2$에만 $-\dfrac{1}{2}$을 곱하고 뒤의 상수항인 6은 연산을 빼먹기 마련인데, 6에도 $-\dfrac{1}{2}$를 곱해야 해요. 다항식의 연산에서 배웠지요?

$$-2y = (x-2)^2 + 6 \;\rightarrow\; y = -\frac{1}{2}(x-2)^2 - 3$$
$$\underset{\times(-\frac{1}{2})}{}\quad \underset{\times(-\frac{1}{2})}{}\quad \underset{\times(-\frac{1}{2})}{}$$

이 그래프는 $y = -\dfrac{1}{2}x^2$의 그래프를 x축 방향으로 2만큼, y축 방향으로 -3만큼 평행이동한 그래프임을 알 수 있어요. 위로 볼록하고요. 꼭짓점의 좌표는 $(2, -3)$이고, y절편은 10인 이차함수입니다.

하나만 더 살펴봅시다. $y = \dfrac{1}{3}x^2 + 2x - 2$에서 완전제곱식을 만들려면 어떻게 해야 할까요? 양변에 3을 곱하는 것으로 시작하면 되겠네요.

❶ 절반의 제곱

$$3y = x^2 + 6x - 6 = x^2 + 6x + 9 - 15 = (x+3)^2 - 15$$

❷ 빼서 -6이 되는 수를 찾자

마지막에 양변에 $\frac{1}{3}$을 곱해 함수 $y = \sim$의 형태로 바꿔 주면 다음과 같습니다. 꼭짓점의 좌표는 $(-3, -5)$가 되겠네요.

$$y = \frac{1}{3}(x+3)^2 - 5$$

상수항에도 $\frac{1}{3}$을 곱하는 것을 잊지 말라는 뜻에서 빨간색으로 표시해 봤어요. 문제를 풀 때 놓치기 쉬우니 주의하길 바랍니다!

직접 해 보기

양변에 -4를 곱해 이차함수 $y = -\frac{1}{4}x^2 + x - 5$의 그래프의 꼭짓점의 좌표를 구하고, $y = -\frac{1}{4}x^2$의 그래프를 어떻게 평행이동한 것인지 써 보세요.

정답과 풀이 **241쪽**

꼭짓점의 좌표 구하기 3
y=ax²+bx+c

• • • • •

마찬가지로, 우변을 x^2으로 만들자.

마지막으로 $y = 3x^2 + 12x + 21$과 같이, x^2의 계수가 1도, 분수도 아닌 경우를 살펴봅시다.

앞에서 사용했던 방법을 똑같이 적용하면 어떻게 될까요? 우선 x^2의 계수를 1로 만들기 위해 양변을 3으로 나눠 봅시다.

$$y = 3x^2 + 12x + 21 \rightarrow \frac{y}{3} = x^2 + 4x + 7$$

이제 완전제곱식을 만들어 볼까요?

❶ 절반의 제곱

$$\frac{y}{3} = x^2 + 4x + 7 = x^2 + 4x + 4 + 3 = (x+2)^2 + 3$$

❷ 더해서 7이 되는 수를 찾자

이제 양변에 3을 곱하면 $y = 3(x+2)^2 + 9$가 됩니다.

따라서 $y = 3x^2 + 12x + 21$은 꼭짓점의 좌표가 $(-2, 9)$인 그래프이고요. $y = 3x^2$의 그래프를 x축의 방향으로 -2만큼, y축의 방향으로 9만큼 평행이동한 그래프입니다. 또한 y절편은 21이에요.

하나만 더 살펴볼게요. $y = 2x^2 - 4x + 5$를 봅시다. 마찬가지로 x^2의 계수를 1로 만들기 위해 양변을 2로 나누는 거예요.

$$y = 2x^2 - 4x + 5 \rightarrow \frac{y}{2} = x^2 - 2x + \frac{5}{2}$$

이제 완전제곱식을 만들 차례입니다.

❶ 절반의 제곱

$$\frac{y}{2} = x^2 - 2x + \frac{5}{2} = x^2 - 2x + 1 + \frac{3}{2} = (x-1)^2 + \frac{3}{2}$$

❷ 더해서 $\frac{5}{2}$가 되는 수를 찾자

마지막으로 양변에 2를 곱해 주면 $y = 2(x-1)^2 + 3$이라는 결과가 나와요. 따라서 $y = 2x^2 - 4x + 5$의 꼭짓점의 좌표는 $(1, 3)$입니다.

'절반의 제곱'만 기억하면 모든 것이 술술 풀리니, 너무 어렵게 생각하지 말아요.

주어진 이차함수의 꼭짓점의 좌표를 구해 봅시다.

1. $y = -2x^2 - 8x - 18$

2. $y = -3x^2 + 18x - 14$

정답과 풀이 **241쪽**

꼭짓점의 좌표를 구하는 또 다른 방법

. . . . .

꼭짓점을 구하는 다양한 방법이 있다.

$y = 2x^2 - 4x + 5$를 $y = 2(x-1)^2 + 3$으로 바꿔 보았어요.

그런데 어쩐지 아쉽지 않나요? $y = 2x^2 - 4x + 5$를 완전제곱식으로 만들 때, 중간에 분수가 나오잖아요. 크게 어렵진 않아도 마음이 급할 때는 실수할 수도 있겠네요. 조금 다른 방법을 생각해 보는 것도 좋을 것 같아요.

사실 인수분해를 하는 것보다는 묶여 있는 식을 다항식으로 전개하는 쪽이 더 편하지요. 그래서 $y = a(x-p)^2 + q$의 우변을 전개해 볼 거예요. 차분하게 따라오세요.

$y = 2x^2 - 4x + 5$의 꼭짓점의 좌표를 (p, q)라 하면 식을 어떻게 쓸 수 있나요? $y = 2(x-p)^2 + q$로 나타낼 수 있어요.

$y = 2x^2 - 4x + 5$와 $y = 2(x-p)^2 + q$는 같은 식입니다. 따라서 묶여 있는 식을 다항식으로 전개하여 비교할 거예요.

213

$$y = 2(x-p)^2 + q = 2(x^2 - 2px + p^2) + q$$
$$= 2x^2 - 4px + 2p^2 + q$$

이제 x의 계수와 상수항을 비교해 봅시다.

$$y = 2x^2 - 4x + 5$$
$$y = 2x^2 - 4px + 2p^2 + q$$

알아보기 쉽도록 같은 것끼리 색을 맞췄어요. $-4 = -4p$, $5 = 2p^2 + q$라는 사실을 알 수 있지요?

따라서 $p = 1$이고, $5 = 2p^2 + q$에 대입하면 $q = 3$이라는 값을 얻을 수 있어요.

$y = 2x^2 - 4x + 5$의 꼭짓점은 (1, 3)이라는 사실을 알아냈습니다. 그렇다면 이차함수식은 $y = 2(x-1)^2 + 3$이 됩니다. 바로 앞 211쪽에서 구한 식과 똑같죠?

이를 일반적으로 적용해 봅시다. $y = a(x-p)^2 + q$를 전개하여 $y = ax^2 + bx + c$와 비교해 보는 거죠.

$$y = ax^2 + bx + c$$
$$y = ax^2 - 2apx + ap^2 + q$$

$b = -2ap$, $c = ap^2 + q$입니다.

이를 알고 있으면 $y = a(x-p)^2 + q$를 매번 전개하거나 혹은 완전제곱식을 만들 필요가 없으니 편리해요. 처음에는 익히는 게 조금 번거롭지만, 이런 특별한 식은 나중에 수학을 편하게 만드는 밑거름과 같더라고요.

팁을 주자면, $b = -2ap$의 $2ap$를 $2pa$로 바꾸고, $c = ap^2 + q$의 ap^2을 ppa로 바꿔서 익혀 보세요. $2pa$(이피에이)와 ppa(피피에이)의 발음이 비슷하니까 익히기 쉬울 거예요.

이를 이용하여 이차함수 $y = -3x^2 + 12x - 1$의 꼭짓점도 구해 봅시다.

우선 x의 계수와 상수항 밑에 $-2pa$와 $ppa + q$를 씁니다.

$$y = -3x^2 \underset{-2pa}{-12x} \underset{ppa+q}{+1}$$

$-12 = -2pa$인데 $a = -3$이므로, $-12 = 6p$.
따라서 $p = -2$입니다.

$a = -3$, $p = -2$을 $1 = ppa + q$에 대입하여 계산해 봅시다.
$1 = (-2) \times (-2) \times (-3) + q = -12 + q$. 따라서 $q = 13$입니다.

$y = -3x^2 + 12x - 1$의 꼭짓점 $(-2,\ 13)$을 구하는 데 성공했습니다.

완전제곱식을 만드는 절차 없이 $y = -3(x+2)^2 + 13$ 꼴을 얻어냈어요. 이 방법이 어렵게 느껴진다면 '이런 방법도 있구나' 정도로 받아들이고 넘어갑시다.

공부를 열심히 한 친구들은 교과서의 방법이 훨씬 편하다고 생각할 수 있어요. 하지만 혹시, 그저 익숙해져서 그런 건 아닐까요? 이 방법도 여러 번 쓴 후 비교해 봐도 좋을 것 같아요. 똑같은 주제에 대해 다양한 접근 방법을 익히는 것은, 그 주제를 더 깊이 이해하는 데 도움이 되니까요. 이것뿐만 아니라 이 책에서 소개한 다양한 방법들 역시 마찬가지예요. 여러 번 써 보고, 직접 비교해 보세요.

그런데 잠깐. 왜 몇 쪽에 걸쳐서 $y=a(x-p)^2+q$의 꼴로 고치는 법을 익혔죠? 그래야 $y=ax^2+bx+c$의 꼭짓점의 좌표를 구하고, 그래프를 그릴 수 있으니까요.

잊지 마세요. 우리의 목표는 $y=ax^2+bx+c$의 그래프를 그리는 것이었답니다.

주어진 이차함수의 그래프의 꼭짓점의 좌표를 구한 다음, $y=a(x-p)^2+q$의 꼴로 나타내 봅시다. 그리고 대략적으로 그래프를 그려 보세요.

1. $y=-x^2+6x-1$ 2. $y=2x^2+8x-1$

정답과 풀이 **242쪽**

y=ax²+bx+c라는 식 자체로 그래프를 파악하는 법

· · · · ·

그래프의 모양만 파악해도 문제가 해결된다.

$y = ax^2 + bx + c$의 그래프를 그리기 위해서는 어떻게 해야 했나요? $y = a(x - p)^2 + q$ 꼴로 바꿔야 했지요. 그런데 굳이 그렇게 바꾸지 않고도 이차함수의 그래프의 모양을 빠르게 파악하는 방법을 알려 줄게요.

첫째, a의 부호를 보면 그래프의 방향을 알 수 있습니다.

a가 양수면 그래프가 아래로 볼록하고, a가 음수면 위로 볼록합니다. 만약 a의 값을 정확히 안다면 그래프의 폭도 알 수 있겠죠. (너무 많이 언급해서 물리는 친구들도 있겠네요.)

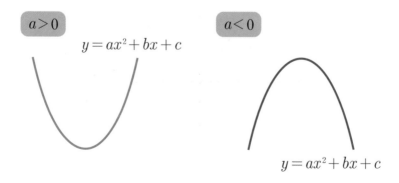

217

둘째, a와 b의 부호로 그래프의 축이 어디 있는지 파악할 수 있습니다.

앞서 $y = ax^2 + bx + c$와 $y = a(x-p)^2 + q$를 비교했었죠?

$$y = ax^2 + bx + c$$
$$y = ax^2 - 2apx + ap^2 + q$$

$b = -2ap$이므로, 양변을 $-2a$로 나눠 p를 기준으로 정리하면 $p = -\dfrac{b}{2a}$라고 할 수 있습니다. 그런데 p가 꼭짓점의 x좌표라고 했지요? 따라서 축의 방정식은 $x = p$입니다.

그러므로 축의 방정식을 다시 쓰면 $x = -\dfrac{b}{2a}$예요.

a와 b로 정리한 축의 방정식에서 우리는 무엇을 알 수 있을까요?

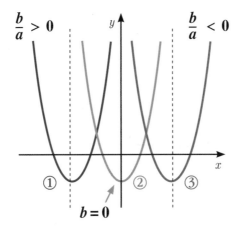

① a와 b의 부호가 같다면?

$\dfrac{b}{a} > 0$이므로 $-\dfrac{b}{2a} < 0$ ➡ 그래프의 축이 y축의 왼쪽에 있겠구나!

② $b = 0$이라면?

$-\dfrac{b}{2a} = 0$이 그래프의 축은 y축이구나!

③ a와 b의 부호가 다르다면?

$\dfrac{b}{a} < 0$이므로 $-\dfrac{b}{2a} > 0$이므로 ➡ 그래프의 축이 y축의 오른쪽에 있구나!

만약 a와 b의 값이 정확히 주어진다면, $y = ax^2$의 그래프를 x축의 방향으로 얼마만큼 평행이동했는지 알 수 있겠죠.

셋째, c의 값이 곧 y절편입니다. 이것도 많이 언급했지만 또 설명할게요.

$f(x) = ax^2 + bx + c$에서 x에 0을 넣으면 다음과 같아요.

$$f(0) = a \times 0^2 + b \times 0 + c = c$$

따라서 $y = f(x)$의 그래프는 $(0, c)$를 지납니다. 즉 c는 y축과 만나는 점의 위치를 알려 줘요. 그래프가 y축과 만나는 점, 다시 말해 (0, y절편)입니다.

따라서 c의 부호만 보고도 그래프의 모양을 추측할 수 있어요. 다음과 같이 말이죠.

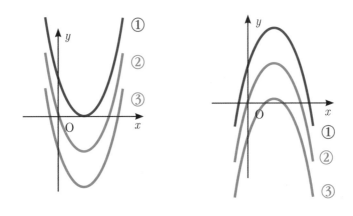

① c가 0보다 크다면? y축과 만나는 점이 x축보다 위에 있네!

② c가 0이라면? 원점을 지나겠구나!

③ c가 0보다 작다면? y축과의 만나는 점이 x축의 아래쪽에 있네!

만약 식에 c의 값이 정확히 주어져 있다면, y절편을 이용해 그래프를 더욱 정확히 그려 볼 수 있습니다.

사실 $y = ax^2 + bx + c$의 그래프의 폭만 정확히 그릴 수 있다면, 식을 고쳐서 평행이동하는 방법을 이용하지 않고도 $y = ax^2 + bx + c$의 그래프를 그릴 수 있어요.

$y = 2x^2 - 4x + 5$의 그래프를 예로 들어 생각해 봅시다.

이 그래프의 경우, 축의 방정식은 $x = -\dfrac{b}{2a} = \dfrac{-4}{2 \times 2} = 1$이므로 $x = 1$입니다. 따라서 꼭짓점이 $x = 1$ 위의 어딘가에 있겠지요.

폭은 $y = 2x^2$의 그래프와 같겠고요.

한편 $c = 5$입니다. $y = 2x^2$과 같은 모양이며 축이 $x = 1$인 그래프 중에서, y축과 만나는 점이 $(0, 5)$인 그래프는 오직 하나입니다.

따라서 $y = 2x^2 - 4x + 5$의 그래프를 그릴 수 있습니다. 축의 방정식이 $x = 1$이고 y축과 만나는 점이 $(0, 5)$라는 것을 이용하면 돼요.

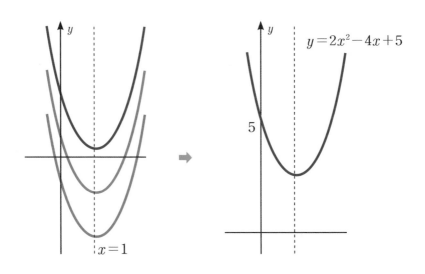

이차함수 $y = ax^2 + bx + c$의 그래프에 대해 맞으면 ○, 틀리면 ×를 쓰세요.

1. $a > 0$이면 아래로 볼록한의 그래프다. _____

2. $c < 0$이면 y축과 그래프가 만나는 점이 x축의 위쪽에 있다. _____

3. $\dfrac{b}{a} < 0$이면 그래프의 축이 오른쪽에 있다. _____

4. $ac < 0$이면 모든 사분면을 지난다. _____

정답과 풀이 **242쪽**

이차함수도 그래프가 중요하다

· · · · ·

그래프를 보는 눈과 그릴 줄 아는 손을 가져야 한다.

　일차함수에서 그래프를 보고 그리는 능력의 중요성에 대해 알아봤죠. 이차함수에서도 마찬가지입니다. 이차함수를 그래프로 바라보는 연습을 해야 하며, 이차함수의 그래프를 자연스럽게 그릴 수 있어야 해요. 실제로 이차함수의 관계식으로는 잘 풀리지 않는 문제도 그래프를 이용하면 쉽게 풀리는 경우가 꽤 있거든요.

　함수를 함수답게 바라보려면 그래프가 꼭 필요하지만, 많은 학생들이 관계식인 $y = ax^2 + bx + c$ 또는 $y = a(x-p)^2 + q$로만 문제를 해결하려는 경향이 커요. 관계식과 그래프를 연결하는 능력이 중요한데 말이죠.

　예를 들어 다음 문제를 살펴봅시다.

　"이차함수 $y = ax^2 + bx + c$의 꼭짓점의 좌표는 $(2, 3)$이며, y절편은 1이다. $16a + 4b + c$를 구하시오."

　이걸 식으로만 해결하면 어떻게 될까요?

　꼭짓점의 좌표가 $(2, 3)$이므로 $y = a(x-2)^2 + 3$이라는 관

계식부터 구해요. y절편이 1이니까 (0, 1)을 지나므로, (0, 1)을 $y = a(x-2)^2 + 3$에 대입해 $a = -\dfrac{1}{2}$이라는 값을 구합니다. 그런 다음 $y = -\dfrac{1}{2}(x-2)^2 + 3$을 전개해 $y = ax^2 + bx + c$ 꼴로 만들고요.

$$y = -\dfrac{1}{2}(x^2 - 4x + 4) + 3 = -\dfrac{1}{2}x^2 + 2x + 1$$

$a = -\dfrac{1}{2}$, $b = 2$, $c = 1$이므로 답을 구할 수 있네요.

$$16a + 4b + c = 16 \times (-\dfrac{1}{2}) + 4 \times 2 + 1 = -8 + 8 + 1 = 1$$

여기까지 오는 데 힘들었죠?

사실 여기에는 숨겨진 비밀이 있습니다. $16a + 4b + c$를 잘 살펴보세요. $16a + 4b + c$는 $y = ax^2 + bx + c$에 $x = 4$를 대입하면 나오는 함숫값, 즉 $f(4)$입니다. a, b, c의 값을 구할 필요 없이 $x = 4$의 함숫값을 구하면 된다는 뜻이지요.

이제 이 문제의 조건에 맞춰 이차함수의 그래프를 그려 볼까요? 꼭짓점의 좌표는 (2, 3)이며, y절편은 1인 그래프입니다. 과연 그래프를 그린다고 문제를 쉽게 풀 수 있을까요?

이차함수는 축에 대해 대칭이고, 이 그래프는 $x = 2$를 축으로 가져요. 그러면 $x = 2$를 기준으로 좌우로 2만큼 떨어진, $f(0)$과 $f(4)$은 함숫값이 같을 수밖에 없겠죠? 따라서 $f(4) = f(0) = 1$입니다.

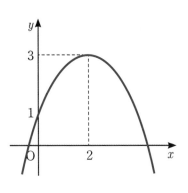

그래프를 그리고 그 성질을 이용하니 식을 구할 필요도 없이 바로 풀 수 있었어요. 허무할 정도로 간단합니다.

그래도 아직 그래프로 보는 게 어색하다고요? 그래프를 이용하면 다음 문제도 식을 이용하지 않고 풀 수 있어요.

"$y = \dfrac{1}{2}x^2$의 그래프를 x축의 방향으로 -4만큼, y축의 방향으로 -11만큼 평행이동한 그래프의 y절편을 구하시오."

226쪽과 같이 꼭짓점이 $(-4, -11)$이고 아래로 볼록인 이차함수 그래프를 그립니다. y절편을 알기 위해서는 꼭짓점에서 $(0, c)$까지 y의 값의 변화량을 구하면 돼요. 이를 위해 합동인 $y = \dfrac{1}{2}x^2$를 이용하면 되겠지요?

$y = \dfrac{1}{2}x^2$에서 x가 4만큼 변하면 y는 8만큼 변합니다.

따라서 $c = -11 + 8 = -3$입니다.

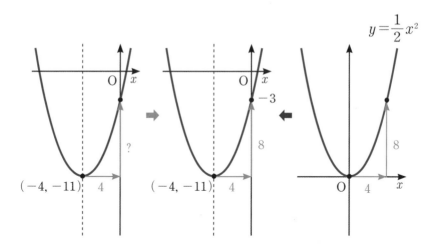

이차함수의 그래프를 이용하여 문제를 해결하는 것은 유용한 면이 많습니다. 어떤 문제는 그래프를 그려야만 풀 수 있고요.

따라서 이차함수의 그래프를 그리는 연습을 충분히 합시다. 그리고 최대한 그래프를 이용하여 문제를 해결하려고 노력하세요. 그러다 보면 함수에 대한 실력뿐 아니라 자신감도 자라납니다. 이는 고등학교에서 아주 큰 힘이 될 거예요.

이차함수 $y = ax^2 + bx + c$의 꼭짓점의 좌표는 $(-2,\ q)$고, $(-6, 7)$을 지날 때, $4a + 2b + c$를 구해 봅시다. 단, 식이 아닌 그래프를 그려 해결해 보세요.

정답과 풀이 **243쪽**

1장 · 좌표평면과 그래프

▶ 수의 '위치'를 어떻게 나타낼 수 있을까?

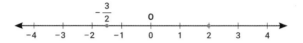

▶ 직선 위에 있는 점의 위치를 표현하는 방법

1. A(-4) ㅣ B(1) ㅣ C(3)

2.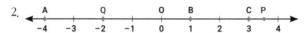

▶ 평면 위에 있는 점의 위치를 나타내는 방법

1. S$(-3,\ 1)$ ㅣ R$(3,\ -3)$

2, 3.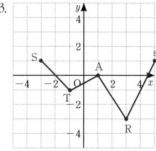

▶ 좌표평면을 사분면으로 나누는 이유

1. 제2사분면 2. 제1사분면 3. 어느 사분면에도 속하지 않는다.

4. 제3사분면 5. 제4사분면

▶ **좌표평면을 그리고 좌표 나타내기**

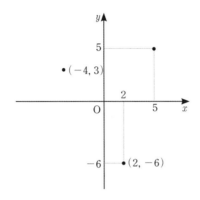

▶ **좌표평면 위의 도형의 넓이를 구해 보자**

좌표평면에 삼각형을 그리고 밑변의 길이와 높이를 표시하면 오른쪽과 같습니다.
따라서 삼각형의 넓이를 계산하면 $\frac{1}{2} \times 10 \times 4 = 20$

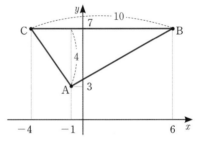

▶ **다양한 상황을 그래프로 표현하기**

같은 양의 물이 들어가는데 처음에는 물통이 좁으므로 빠르게 높이가 증가하다가, 물통이 넓어지는 부분에서 높이가 천천히 증가합니다. 물통이 다 채워지면 더 이상 높이가 증가하지 않습니다.

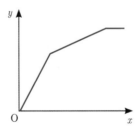

▶ **다양한 그래프를 해석해 보기**

1. 1층에서 3층까지 1분, 3층에서 4층까지 1분, 총 2분 동안 1층에서 4층으로 올라갔습니다. 4층에 1분 동안 머물렀으며, 이후에 2층으로 내려와

3분 동안 머물렀습니다. 등교 후 8분에서 9분 동안은 2층과 3층 사이의 계단에 있었습니다. 9분 이후 빠르게 4층으로 올라갔습니다.

2. (예시) 삼삼이는 8시 31분에 등교하여 계단을 올라갑니다. 3층부터는 힘들어서 천천히 올라가요. 4층에 있는 반에 도착해 1분 동안 자리 정리를 하고, 2층 방송실로 내려가 3분 동안 방송을 준비해요. 3층으로 올라가는 길에 친구를 만나 이야기를 나누어요. 8시 40분에 종이 쳐서 빠르게 반으로 이동한 후 조회 시간을 가집니다.

▶ **정비례: 변화에 초점을 맞추면 보이는 관계**

1. 정비례합니다. x의 값이 2배, 3배, 4배, …로 변함에 따라 y의 값도 2배, 3배, 4배, …로 변하기 때문입니다. 관계식은 $y = 4x$

2. 정비례하지 않습니다. x의 값이 2배, 3배, 4배, …로 변함에 따라 y의 값은 3배, 5배, 7배, …로 변하기 때문입니다.

▶ **정비례 관계의 그래프를 직접 그려 보자**

1. $y = 2x$의 그래프

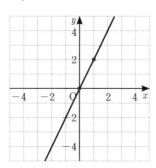

2. $y = -\dfrac{3}{4}x$의 그래프

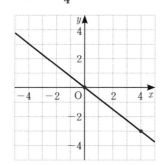

▶ **반비례의 정확한 뜻**

시속 $x$km란 1시간에 $x$km를 간다는 뜻입니다. 총 거리인 240을 x로 나누면 총 걸린 시간을 구할 수 있습니다. 따라서 관계식은 $y = \dfrac{240}{x}$이고, 표를 채우면 다음과 같습니다.

x	20	40	60	80	100	...
y	12	6	4	3	2.4	...

➡ 반비례 관계를 그래프로 나타내면?

1.

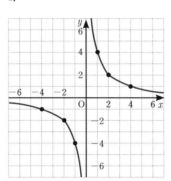

2.

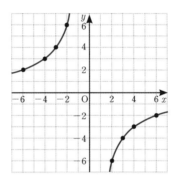

➡ 관계식을 구하지 않고 문제를 푸는 법

1. 두 점 $(3, \ -2)$, $(k, \ 4)$에서 y의 값은 -2에서 4로 -2배가 되었습니다. 정비례 관계이니 x의 값도 3에서 k로 -2배가 되어야 합니다. 따라서 $k = 3 \times (-2) = -6$입니다.

2. 두 점 $(5, \ 6)$, $(3, \ b)$에서 x의 값은 5에서 3으로 $\dfrac{3}{5}$배가 되었습니다. 반비례 관계이니 y의 값은 6에서 b로 $\dfrac{5}{3}$배가 되어야 합니다. 따라서 $b = 6 \times \dfrac{5}{3} = 10$입니다.

2장 · 곧게 뻗은 일차함수

▶ 그래서 함수가 뭐예요?

① 달린 거리 xm에 따라 남은 거리 ym는 하나로 결정되므로 함수입니다. 관계식은 $y=50-x$입니다.

② 자연수 $x=6$보다 작은 홀수 y는 1, 3, 5로 3개입니다. y가 하나로 정해지지 않으므로 함수가 아닙니다.

③ 1년은 12달입니다. 따라서 12명의 생일이 다 다른 달이어도, 13명부터는 같은 달에 태어난 학생이 2명 이상인 달이 반드시 하나 이상 생깁니다. 우리 반의 학생 수는 20명이므로, 함수가 아닙니다.

④ 한 변의 길이 $x$cm가 정해지면, 넓이 y는 x^2이라는 하나의 값으로 정해지므로 함수입니다. 관계식은 $y=x^2$입니다.

▶ 함수의 기호와 함숫값

1. $f(x)=-\dfrac{8}{x}$입니다. 따라서 $f(-2)=-\dfrac{8}{-2}=4$, $f(3)=-\dfrac{8}{3}$

2. $f(x)=2x+1$입니다. 따라서 $f(-2)=2\times(-2)+1=-4+1=-3$, $f(3)=2\times3+1=7$

▶ 일차함수의 일차가 무슨 뜻일까?

1. $-2x+5$는 y가 없으므로 일차식이고, 일차함수는 아닙니다.

2. $y=\dfrac{x+3}{2}=\dfrac{1}{2}x+\dfrac{3}{2}$이므로 일차함수입니다.

3. $y=-3+\dfrac{1}{2}x$는 $y=\dfrac{1}{2}x-3$이므로 일차함수입니다.

4. 괄호를 풀어 정리하면 $y=-3x$이므로 일차함수입니다.

▶ 일차함수의 그래프는 어떤 모양일까?

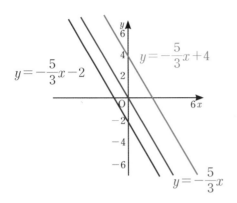

$$y = -\frac{5}{3}x - 2$$

$$y = -\frac{5}{3}x + 4$$

$$y = -\frac{5}{3}x$$

▶ 일차함수의 그래프는 기울어져 있다

1. ② 2. ③ 3. ④ 4. ①

▶ 기울기를 보고 y＝ax의 그래프를 그려 보자

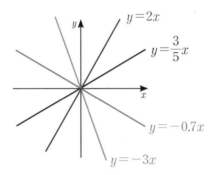

$$y = 2x$$

$$y = \frac{3}{5}x$$

$$y = -0.7x$$

$$y = -3x$$

▶ 일차함수 y＝ax＋b의 그래프에서 기울기는?

1. (1) ④ | (2) ① | (3) ② | (4) ③ | (5) ⑤

2. ②, ④   3. ①, ⑤

▶ 그래프만 있고 기울기가 없을 때 1

1. ① 기울기$=\dfrac{3}{-3}=-1$ ② 기울기$=\dfrac{2}{3}$ 2. 기울기$=\dfrac{-3}{-6}=\dfrac{1}{2}$

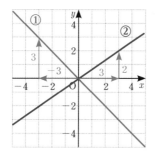 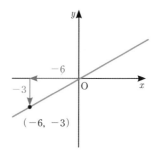

▶ 그래프만 있고 기울기가 없을 때 2

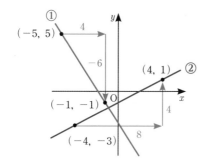

① 기울기$=\dfrac{-6}{4}=-\dfrac{3}{2}$

② 기울기$=\dfrac{4}{8}=\dfrac{1}{2}$

▶ 기울기를 구할 때 그래프를 이용해야 하는 이유

좌표평면 위에 그래프를 그리면 다음과 같습니다.

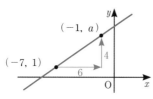

x의 변화량이 6이고 기울기가 $\dfrac{2}{3}$이므로, y의 변화량은 4입니다.

따라서 $a=1+4=5$

▶ 일차함수의 그래프에서 절편을 구해 보자

1. x절편은 5, y절편은 -10
2. x절편은 -5, y절편은 -3

▶ 일차함수 y=ax+b의 그래프를 그려 보자

1. 기울기가 $-\dfrac{1}{2}$이므로, x의 값의 변화량이 6일 때 y의 값의 변화량은 -3임을 이용합니다. $(0,\ 2)$를 기준으로 오른쪽으로 6칸 이동 후 아래쪽으로 3칸 이동하여 점을 찍고, 두 점을 이어 그래프를 그립니다.

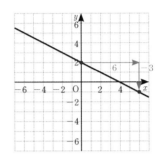

2. $y=-\dfrac{1}{2}x+2$에 $y=0$을 대입하여 x의 값을 구하면 4입니다. x절편은 4입니다. 한편 y절편은 2이므로, $(0,\ 2)$와 $(4,\ 0)$에 점을 찍고 두 점을 이어 그래프를 그립니다.

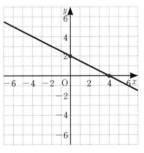

▶ 일차함수의 식을 구해 보자 1 : 기울기와 y절편이 주어졌을 때

기울기와 y절편을 이용해 일차함수의 식을 구합니다.

1. $y=-\dfrac{1}{2}x-2$ 2. $y=-1.25x+4$

두 일차함수를 좌표평면에 그리면 다음과 같습니다.

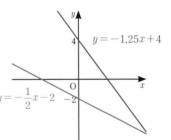

▶ 일차함수의 식을 구해 보자 2: 기울기와 한 점이 주어졌을 때

$(0,\ b)$에서 $(6,\ -1)$까지 x의 값의 변화량이 6이고 기울기가 $\dfrac{1}{2}$이므로 y의 값의 변화량은 3입니다. 따라서 $b=-1-3=-4$이고, 이 그래프의 일차함수의 식은 $y=\dfrac{1}{2}x-4$입니다.

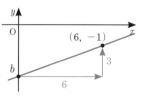

▶ 일차함수의 식을 구해 보자 3: 서로 다른 두 점이 주어졌을 때

그래프를 그리고 두 점을 이용해 기울기를 구하면 $\dfrac{4}{6}=\dfrac{2}{3}$입니다.
기울기를 이용해 변화량을 표시하면, $b=-3+2=-1$입니다.
따라서 $y=\dfrac{2}{3}x-1$

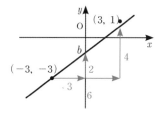

▶ 일차함수의 식을 구해 보자 4: x절편과 y절편이 주어졌을 때

그래프를 그린 후 $(0,\ -6)$과 $(3,\ 0)$을 이용해 기울기를 구하면 $\dfrac{6}{3}=2$입니다.
따라서 식은 $y=2x-6$

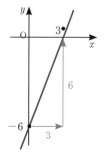

▶ 일차함수의 활용 1: 일차방정식을 그래프로 나타내기

1. $2x-y-2=0$을 정리하면 $y=2x-2$

2. $2x+8=0$을 정리하면 $x=-4$

3. $x-3y+6=0$을 정리하면 $y=\dfrac{1}{3}x+2$

4. $-3y+9=0$을 정리하면 $y=3$

이 4개의 그래프를 좌표평면에 그리면 다음과 같습니다.

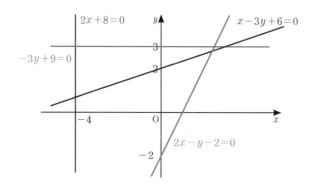

▶ 일차함수의 활용 2: 연립방정식의 해 표현하기

두 직선의 교점이 연립방정식의 해입니다.

1. 해: $(2,\ 1)$

2. 해: $(-1,\ 4)$

3. 해: $(-3,\ -4)$

4. 두 직선은 평행하므로 교점이 없습니다. 따라서 해가 없습니다.

3장 · 빗살무늬토기 모양의 이차함수

▶ 이차함수란 무엇일까?

1. 전개하여 정리하면 $y=-3x$이므로 이차함수가 아닙니다.

2. 전개하여 정리하면 $y=-x^2+4$이므로 이차함수입니다.

3. 분모가 이차식이므로 이차함수가 아닙니다.

▶ 이차함수의 그래프는 왜 그렇게 생겼을까

1과 4는 x^2의 계수가 음수이므로 위로 볼록합니다.

2와 3은 x^2의 계수가 양수이므로 아래로 볼록합니다.

▶ 포물선, 축, 꼭짓점

1. 꼭짓점의 좌표: $(2, 0)$ | 축의 방정식: $x = 2$

2. 꼭짓점의 좌표: $(-2, -5)$ | 축의 방정식: $x = -2$

▶ 이차함수 그래프의 위치를 나타내는 방법

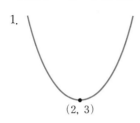

▶ 이차함수의 최댓값과 최솟값

1. $x = 3$일 때 최댓값 2를 가지므로, 꼭짓점의 좌표는 $(3, 2)$이고 위로 볼록합니다.

2. $x = -2$일 때 최솟값 -5을 가지므로, 꼭짓점의 좌표는 $(-2, -5)$이고 아래로 볼록합니다.

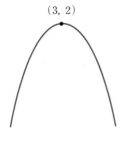

⟶ y=a(x-p)²+q의 꼭짓점의 좌표를 구하는 법

1. $x=-19$일 때 괄호 안이 0이 되어 최솟값 17을 가지므로, 꼭짓점의 좌표는 $(-19,\ 17)$

2. $x=0$일 때 최댓값 -6을 가지므로, 꼭짓점의 좌표는 $(0,\ -6)$

3. $x=4$일 때 최댓값 0을 가지므로, 꼭짓점의 좌표는 $(4,\ 0)$

4. $x=-\dfrac{3}{5}$일 때 최솟값 9를 가지므로, 꼭짓점의 좌표는 $\left(-\dfrac{3}{5},\ 9\right)$

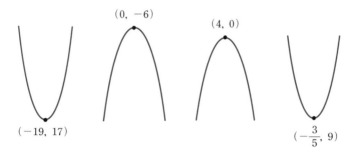

⟶ 이차함수 그래프의 폭에 대하여 1

$1=3>6>4>5>2$ ($y=5x^2$과 $y=-5x^2$의 그래프의 폭은 같습니다.)

⟶ 이차함수 그래프의 폭에 대하여 2

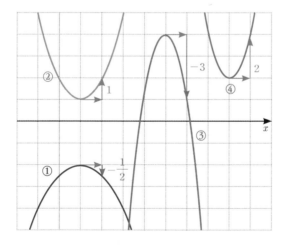

꼭짓점을 기준으로 x의 값이 1만큼 변화할 때, y의 값의 변화량을 표시하면 239쪽 그래프와 같습니다. 그 다음, y의 값의 변화량과 x^2의 계수가 같은 것끼리 짝지으면 됩니다.

1. ② 2. ④ 3. ① 4. ③

▶ 이차함수 $y = ax^2$의 그래프를 평행이동하는 방법

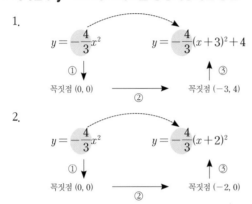

1.

$$y = -\frac{4}{3}x^2 \qquad\qquad y = -\frac{4}{3}(x+3)^2 + 4$$

① ↓   ↑ ③

꼭짓점 $(0, 0)$ —— ② ——→   꼭짓점 $(-3, 4)$

2.

$$y = -\frac{4}{3}x^2 \qquad\qquad y = -\frac{4}{3}(x+2)^2$$

① ↓   ↑ ③

꼭짓점 $(0, 0)$ —— ② ——→   꼭짓점 $(-2, 0)$

3. 1의 꼭짓점의 좌표는 $(-3, 4)$이고, 2의 꼭짓점의 좌표는 $(-2, 0)$입니다. 따라서 1에서 2로 가려면 x축의 방향으로 1만큼, y축의 방향으로 -4만큼 평행이동하면 됩니다.

▶ 이차함수 $y = ax^2 + bx + c$의 그래프는 어떻게 그릴까

1. $y = -2(x-6)^2 + 3$ 2. $y = -2(x+1)^2 - 7$

▶ 꼭짓점의 좌표 구하기 1: $y = x^2 + bx + c$

① 절반의 제곱

$$y = x^2 + 6x + 12 = x^2 + 6x + 9 + 3 = (x+3)^2 + 3$$

② 더해서 12가 되는 수를 찾자

1. $y=(x+3)^2+3$ 2. $(-3,\ 3)$ 3. 12

▶ 꼭짓점의 좌표 구하기 2: $y=\dfrac{1}{n}x^2+bx+c$

① 절반의 제곱

$$-4y=x^2-4x+20=x^2-4x+4+16=(x-2)^2+16$$

② 더해서 20이 되는 수를 찾자

양변에 $-\dfrac{1}{4}$을 곱하면 $y=-\dfrac{1}{4}(x-2)^2-4$

이 그래프의 꼭짓점의 좌표는 $(2,-4)$입니다. $y=-\dfrac{1}{4}x^2$의 그래프를
x축의 방향으로 2만큼, y축의 방향으로 -4만큼 평행이동한 그래프입니다.

▶ 꼭짓점의 좌표 구하기 3: $y=ax^2+bx+c$

1.

① 절반의 제곱

$$-\dfrac{y}{2}=x^2+4x+9=x^2+4x+4+5=(x+2)^2+5$$

② 더해서 9가 되는 수를 찾자

양변에 -2를 곱하면 $y=-2(x+2)^2-10$
따라서 꼭짓점의 좌표는 $(-2,\ -10)$

2.

① 절반의 제곱

$$-\dfrac{y}{3}=x^2-6x+\dfrac{14}{3}=x^2-6x+9-\dfrac{13}{3}=(x-3)^2-\dfrac{13}{3}$$

② 빼서 $\dfrac{14}{3}$가 되는 수를 찾자

양변에 -3을 곱하면 $y=-3(x-3)^2+13$
따라서 꼭짓점의 좌표는 $(3,\ 13)$

➡ 꼭짓점의 좌표를 구하는 또 다른 방법

1. $y = \underset{-2pa}{\underline{-x^2 + 6x}} \underset{ppa+q}{\underline{-1}}$

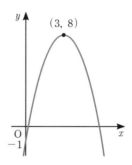

$6 = -2pa$인데 $a = -1$이므로 $6 = 2p$.
따라서 $p = 3$입니다. $ppa + q = -1$이므로
$q = 8$입니다.
따라서 구하는 식은 $y = -(x-3)^2 + 8$

2. $y = \underset{-2pa}{\underline{2x^2 + 8x}} \underset{ppa+q}{\underline{-1}}$

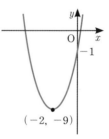

$8 = -2pa$인데 $a = 2$이므로, $8 = -4p$. 따라서
$p = -2$입니다. $ppa + q = -1$이므로 $q = -9$
입니다. 따라서 구하는 식은 $y = 2(x+2)^2 - 9$

➡ y=ax²+bx+c라는 식 자체로 그래프를 파악하는 법

1. O   2. X   3. X   4. O

4. (보충설명) $ac < 0$인 이차함수의 그래프는 다음과 같은 두 가지 경우가
있습니다. 두 가지 모두 모든 사분면을 지납니다.

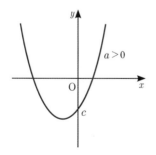

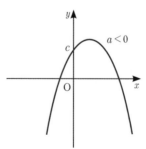

▶ 이차함수도 그래프가 중요하다

이차함수 $y = ax^2 + bx + c$에서 $4a + 2b + c = f(2)$입니다.

조건에 맞게 그래프를 그리면, $f(2) = f(-6) = 7$이므로

$4a + 2b + c = 7$

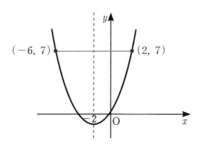

중학생의 함수는 다르다

초판 1쇄 발행 2025년 1월 10일

글쓴이 이성진
펴낸이 金昇芝
편집 김도영
디자인 디박스

펴낸곳 블루무스
전화 070-4062-1908
팩스 02-6280-1908
주소 경기도 파주시 경의로 1114 에펠타워 406호
출판등록 제2022-000085호
이메일 bluemoose_editor@naver.com
인스타그램 @bluemoose_books

© 이성진, 2025

ISBN 979-11-93407-27-1 (43410)